海上风电工程安质环管理丛书

海上风电工程
安全风险识别与评价指引

中广核工程有限公司　组编

中国电力出版社
CHINA ELECTRIC POWER PRESS

内容提要

海上风电工程在能源建设行业属于高风险领域，安全风险识别与评价作为安全管理的首要环节，对于预防事故、保障作业安全至关重要。

本书是中广核工程有限公司多年深耕海上风电工程建设的宝贵经验总结，它运用风险矩阵法，巧妙融合定性与定量评估，精准剖析风险发生的可能性及其后果的严重性。本书以洞察海上施工潜在的安全风险为起点，致力于探讨如何有效控制风险、规避事故，使风险降至可接受水平。

全书精心布局三大章节，分别聚焦于作业类、船机类及自然风险类海上风电工程三大核心风险领域。其中，作业风险类依据施工逻辑，按工序逐一进行风险辨识，全面覆盖海上风电施工中的主要风险点，并辅以行业内真实发生的事故案例，力求为同行业的其他单位提供可借鉴的宝贵经验与指导。

图书在版编目（CIP）数据

海上风电工程安全风险识别与评价指引 / 中广核工程有限公司组编. -- 北京：中国电力出版社，2024．9．（2025.4重印）（海上风电工程安质环管理丛书）. -- ISBN 978-7-5198-9308-8

Ⅰ．TM62

中国国家版本馆 CIP 数据核字第 2024DQ852 号

出版发行：中国电力出版社
地　　址：北京市东城区北京站西街 19 号（邮政编码 100005）
网　　址：http://www.cepp.sgcc.com.cn
责任编辑：孙建英（010-63412369）
责任校对：黄　蓓　李　楠
装帧设计：赵姗姗
责任印制：吴　迪

印　　刷：北京锦鸿盛世印刷科技有限公司
版　　次：2024 年 9 月第一版
印　　次：2025 年 4 月北京第二次印刷
开　　本：787 毫米×1092 毫米　16 开本
印　　张：6.5
字　　数：140 千字
印　　数：1001—1500 册
定　　价：70.00 元

丛书编委会

主　　任　郝　坚

副 主 任　宁小平　乔恩举　杨亚璋

委　　员　秦雁枫　王耀明　任伊秋　冯春平　刘以亮

　　　　　张新明　陈晓义　魏　鹏　高　伟　张　征

　　　　　杨甲文　司马星

本书编写组

主　　编　秦雁枫

副 主 编　张新明　林晓东

参编人员（按姓氏笔画为序）

　　　　　丰胜强　王　硕　全　毅　李　昕　李　雷

　　　　　张四军　张伍杰　段宗辉　徐民杰　高章玉

　　　　　符文扬　彭小方

审核人员（按姓氏笔画为序）

　　　　　兰洪涛　刘　洋　孙　斌　苏　成　苏　磊

　　　　　杨国辉　吴　鹏　尚会刚　易宇航　赵　展

　　　　　贾真庸　钱　舟　葛荣礼

党的二十大报告指出，要积极稳妥推进碳达峰碳中和，深入推进能源革命，加快规划建设新型能源体系，加强能源产供储销体系建设，确保能源安全。这些重大战略部署为以核电、风电为代表的清洁能源长期稳定发展提供了机遇。而海上风电作为近年来快速兴起的风电技术形式，由于其资源丰富、发电利用小时高、不占用土地和适宜大规模开发等特点，在较短的时间内不仅得到了地方政府的高度关注和青睐，还成为电力企业竞相争夺的热点领域。过去的几年，海上风电取得了爆发式的发展，累计装机容量达到 3770万 kW，为我国能源清洁绿色低碳转型做出了突出贡献。

同时我们也看到，海上风电工程是在多变的海洋气象条件下，以各类工程船舶为施工作业平台，进行高频率的大吨位吊装作业、高频次的潜水作业、高频数的自升式平台桩腿插拔作业等多种高风险作业叠加的海洋工程。未来海上风电建设走向深水远海是必然趋势，技术更新迭代快、风机大型化给工程建设和安质环管理带来更加严峻的挑战。但相关单位作业风险管控经验不足，行业内可借鉴的管理经验有限。在这样的背景下，建设一套适用于海上风电工程的安质环管理体系，促进海上风电工程业务健康、安全、高质量发展，具有较大的现实意义和社会价值。

中广核工程有限公司是中国广核集团旗下从事以核电为主的工程建设管理专业化公司，是我国第一家核电建设管理专业化 AE 公司。自成立以来，始终坚持"安全第一、质量第一、追求卓越"的基本原则，立足于核电工程建设，并积极拓展海上风电等高端复杂系统工程建设，建立形成了一整套基于核安全的安质环管理体系。公司自 2018 年进入海上风电业务领域以来，全面借鉴核电工程现场安质环管理经验和核电工程国际标杆建设良好实践，并结合海上风电工程特点，深入落实安委办〔2022〕9 号《国务院安委会办公室 自然资源部 交通运输部 国务院国资委 国家能源局关于加强海上风电项目安全风险防控工作的意见》，深入践行"严慎细实"工作作风，对标先进、主动谋划，形成以风险管理为核心并具有中广核特色实践经验的海上风电工程安质环管理体系。

我们将几年来在海上风电工程建设中不断探索、总结、积累的实践、经验与成果汇编整理成《海上风电工程安质环管理丛书》，从根本上解决了参建单位要求不一、执行不一的难题，取得了良好的安质环业绩，为海上风电工程的安质环管理提供中广核解决方案，为海上风电行业提供了可借鉴的管理经验。

本丛书共分五册，其中《海上风电工程一站式安健环管控指引》是风险分级管控的具象化体现，以海上风电工程总承包方的视角系统介绍了如何实施安健环管控；《海上风电工程隐患排查指引》系统汇编了主要风险对应的隐患排查表，严格落实重大安全风险"一票否决"制度，树立"隐患就是事故"的观念，各参建单位可直接参考并应用于现场隐患排查和治理；《海上风电工程质量管控指引》全面介绍了设计、采购、施工、调试等各阶段质量管控要求，可用于指导现场质量管控活动；《海上风电工程现场标准化图集》规范整理了施工现场安全管理标准化图集，进而推动海上风电建设产业链各单位安全生产管理的规范化和标准化进程，有利于各参建单位统一认识、统一标准、统一行动；《海上风电工程安全风险识别与评价指引》详细介绍了现场施工作业活动的安全风险和管控措施，践行施工工序与安全工序相融合的理念，各参建单位可对照后应用于现场风险管控。

为更好地服务于海上风电产业安全健康发展，现将本丛书付梓出版，因项目各有特点，难免挂一漏万，不当之处敬请各位同行专家批评斧正。

中广核工程有限公司将始终坚持以习近平新时代中国特色社会主义思想为指导，统筹发展与安全，坚持"人民至上、生命至上"，始终坚持"安全质量是立身之本"，坚持以躬身入局的政治担当、以命运与共的社会责任，持续完善具有中广核特色的海上风电工程安质环管理体系，为我国海上风电安质环管理和高质量发展贡献绵薄之力。

董事长

2024 年 6 月 20 日

目　录

1

概　　述

1.1 目　　的

打造一体化、标准化的海上风电工程风险管控要求，确保安全、稳定和可靠地建设海上风电工程。

1.2 适 用 范 围

适用于海上风电建设项目的风险管控。

1.3 定　　义

发包人：按照招标文件或合同中约定，具有项目发包主体资格和支付合同价款能力的当事人或者取得该当事人资格的合法继承人。

承包人：按照合同约定，被发包人接受的具有项目承包主体资格的当事人，以及取得该当事人资格的合法继承人。

分包人：承担项目的部分工程或服务并具有相应资格的当事人。

相关方：能够影响决策或活动、受决策或活动影响，或感觉自身受到决策或活动影响的个人或组织。

海上风电项目部：在发包人法定代表人授权和支持下，为实现项目目标，由项目经理组建并领导的项目管理组织，以下简称"海风项目部"。

1.4 说　　明

本指引结合工程实践和现行法规、标准进行编制，是海上风电工程建设风险管理的参考书。如海上风电行业伙伴参考使用，请结合自身管理模式和海上风电工程项目的特点，并以最新法规、标准为准。

2

风险分析与评价方法

2.1 风险分析方法

风险分析与评价采用基于经验的风险矩阵法。该方法以经验为基础，参考分级表对风险发生的可能性、后果严重程度采用定性与定量相结合的方式确定风险等级。

2.2 风险发生可能性的评价标准

对风险发生可能性的评价，是根据风险发生的属性，分为五个等级，从低至高分别赋值 1～5 分，等级说明见表 2-1。

表 2-1　　　　　　　　　　　风险发生可能性的等级说明

可能性等级	等级说明	备注
1	基本不可能	记录或经验显示在海上风电行业内未发生
2	不太可能	记录或经验显示在海上风电行业内曾发生
3	可能	国内海上风电项目曾发生过
4	很可能	本单位所属集团海上风电项目上曾发生过
5	极有可能	本单位海上风电项目曾发生过

2.3 风险潜在后果的评价标准

按照风险潜在后果的严重性，将其分为五个等级，从低至高分别赋值 1～5 分，严重性等级由表 2-2 "事故后果说明"中最高等级确定。为保证后续控制措施的评价与制定的科学性，一般情况下，在初始判断的基础上可提高一个等级。风险潜在后果的等级说明见表 2-2。

表 2-2   风险潜在后果的等级说明

严重性等级	等级说明	事故后果说明		
		人员伤害	直接经济损失	影响
1	轻微	发生轻微伤害	<50 万元	发包人项目部领导关注
2	轻度	发生轻伤	≥50 万元	发包人公司业务主管部门关注
3	重度	发生重伤	≥100 万元	发包人公司总部关注
4	严重	群伤或两人以上重伤	≥300 万元	发包人集团公司关注
5	灾难	1 人及以上死亡	≥1000 万元	地方政府部门关注

2.4 风险等级评价标准

风险等级评价标准见表 2-3。

表 2-3   风险等级评价标准

潜在后果等级		可能性等级				
		1	2	3	4	5
		基本不可能	不太可能	可能	很可能	极有可能
1	轻微	1（1×1）	2（1×2）	3（1×3）	4（1×4）	5（1×5）
2	轻度	2（2×1）	4（2×2）	6（2×3）	8（2×4）	10（2×5）
3	重度	3（3×1）	6（3×2）	9（3×3）	12（3×4）	15（3×5）
4	严重	4（4×1）	8（4×2）	12（4×3）	16（4×4）	20（4×5）
5	灾难	5（5×1）	10（5×2）	15（5×3）	20（5×4）	25（5×5）

25 代表风险特别重大，15～20 代表风险重大，9～12 代表风险较大，5～8 代表风险一般，1～4 代表风险较小。

风险控制应当从"落实关键技术与工程措施（消除、替代或隔离）、落实关键人员素养与系统管理措施（程序、流程、培训、检查、维护、标识/警示等）、落实关键个体防护与应急管理措施（不得将个体防护措施作为唯一的控制措施）"三个层次，基于"分级管控"原则，科学设置风险控制措施。

2.5 风险分级管控

针对 2.4 节所述的五类风险，按照表 2-4 实施分级管控。

表 2-4 风 险 分 级 管 控

序号	风险类别	管控层级	管控主体
1	特别重大	公司级	abcdefg
2	重大	分公司级	bcdefg
3	较大	项目级	defg
4	一般	队办级	efg
5	较小	班组级	fg

注 a：发包人总经理部、安全环保部；
　　b：发包人主管部门；
　　c：承包人总部；
　　d：发包人项目部经理室、安健环部门；
　　e：发包人专业队办、承包人项目经理室；
　　f：承包人项目部专业部门，如工程部、技术部、安全部等；
　　g：承包人施工队、班组。

2.6　安全风险识别范围和特征

2.6.1　识别范围

（1）各海上风电项目所用的设备设施、作业环境和员工的业务活动，包括办公活动、工程现场管理活动、生产活动等。

（2）各海上风电项目所承接的工程项目相关的活动，其中海风项目部对承包商所开展的危险源识别和风险评价活动进行统一协调和管理。

其中：

生产活动：一般以三级进度计划为基准，再将其分成若干子项活动，这种分解应直到具体操作行为为止。

关于区域：在采用基于活动的方法不能进行有效辨识时，采用基于区域的方法，如大型施工船、弃土场等。

2.6.2　危害因素与危害特征

对于已经划分为可有效进行危害辨识的活动或区域，辨识人员应基于法律法规、标准规范、管理程序制度、发生的事故事件、经验反馈、监督检查等对该活动或区域从人、机、料、法、环等多方面辨识单元存在的危险有害因素。关于危害特征表，参考附录 A。

2.6.3　事故类型

根据辨识出的危害特征，参考附录 B 确定事故类型。

3

安全风险识别与评价

3.1 作 业 类

3.1.1 风机基础施工

3.1.1.1 适用范围

适用于风机基础为单桩、多桩导管架、高桩承台类型的风机基础施工。

3.1.1.2 作业流程图

（1）单桩基础施工作业流程图，见图3-1。

步骤1：稳桩平台安装与调平	步骤2：钢管桩起吊、翻身
步骤3：钢管桩进龙口	步骤4：液压沉桩

步骤 5：套笼安装	步骤 6：内平台安装

图 3-1　单装基础施工作业流程图

（2）多桩导管架基础施工作业流程图，见图 3-2。

步骤 1：稳桩平台安装与调平	步骤 2：钢管桩起吊、翻身
步骤 3：钢管桩进龙口	步骤 4：液压沉桩

步骤 5：导管架吊装	步骤 6：灌浆作业

图 3-2　导管架基础施工作业流程图

（3）高桩承台基础施工作业流程图，见图 3-3。

步骤 1：液压沉桩	步骤 2：割桩

步骤 3：J 型管、靠船件安装	步骤 4：钢套箱安装
 	 安全绳挂点需独立于钢套箱，不得将安全带直接系挂在护栏上

步骤 5：螺栓组合件安装	步骤 6：承台混凝土施工

图 3-3　高桩承台基础施工作业流程图

3.1.1.3　安全风险识别与评价

（1）单桩基础施工安全风险识别与评价，见表 3-1。

表 3-1　　　　　　　　　　　单桩基础施工安全风险识别与评价

风险识别			风险评价				控制措施	管控主体
危害描述	危害特征	事故类别	可能性	严重程度	矩阵评价	风险等级		
施工准备：起重船锚泊布场								
锚艇接锚与抛锚过程中，接抛锚人员被锚挤压碰撞	人的因素	机械伤害	1	2	2	较小	（1）对锚艇上作业人员开展风险告知和交底。（2）保守决策，恶劣海况下禁止开展抛锚作业	fg
起重船绞锚定位，锚缆绷紧对附近人员造成打击	人的因素	物体打击	5	2	10	较大	（1）锚机、锚缆附近张贴警示标志，严禁靠近、跨越锚缆。（2）绞锚作业对周边无关人员进行清场	defg
起重船绞锚定位，锚缆断裂对危险区域人员造成打击	物的因素	物体打击	2	5	10	较大	（1）锚机周边加设硬质防护。（2）锚机、锚缆附近张贴警示标志。（3）绞锚作业对危险区域人员进行清场	defg

风险识别			风险评价				控制措施	管控主体
危害描述	危害特征	事故类别	可能性	严重程度	矩阵评价	风险等级		
施工准备：运输船锚泊就位与驰离								
运输船进点或驰离与起重船锚缆发生干涉，造成运输船损伤或起重船缆绳损伤、走锚	人的因素	机械伤害	2	1	2	较小	（1）运输船进点前对其进行风险告知。 （2）运输船安排专人进行监护，与驾驶员保持联系。 （3）恶劣海况下暂停进点作业	fg
锚艇接锚与抛锚过程中，接抛锚人员被锚挤压碰撞	人的因素	机械伤害	1	2	2	较小	（1）对锚艇上作业人员开展风险告知和交底。 （2）保守决策，恶劣海况下禁止开展抛锚作业	fg
运输船与起重船带缆作业，缆绳伤人	人的因素	物体打击	5	2	10	较大	绞锚作业期间对危险区域人员进行清场	defg
运输船进点与起重船发生碰撞或运输船上导管架等与起重船大臂发生碰撞	人的因素	机械伤害	3	2	6	一般	（1）运输船进点期间安排专人进行监护，与驾驶员保持联系。 （2）恶劣海况下暂停进点作业	efg
步骤1：稳桩平台安装与调平								
平台挂钩高处作业发生人员高处坠落	人的因素	高处坠落	1	5	5	一般	挂钩作业人员作业期间全程穿戴安全带并正确使用	efg
平台从运输船起吊，在风浪涌动影响下发生摇摆，对周边人员造成挤压碰撞	环境因素	机械伤害	2	3	6	一般	（1）平台起吊前对周边人员进行清场。 （2）恶劣海况下暂停吊装作业	efg

风险识别			风险评价				控制措施	管控主体
危害描述	危害特征	事故类别	可能性	严重程度	矩阵评价	风险等级		
辅助桩（平台固定、调平桩）从运输船起吊，在涌浪作用下起伏，造成辅助桩非正常离地或落地以及钟摆，对挂钩人员造成挤压	环境因素	机械伤害	2	5	10	较大	（1）对挂钩人员开展风险告知和交底。（2）挂钩完成后，人员迅速撤离至安全区域。（3）起重机吊钩下方预留一定长度，补偿运输船起伏高度	defg
平台、辅助桩吊装过程中，起重机、吊索具缺陷发生起重伤害	物的因素	起重伤害	2	5	10	较大	（1）吊装前针对吊索具开展安全检查，严禁带缺陷施工。（2）船舶起重机入场须经第三方检验合格。（3）严格执行起重机日检、月检制度	defg
平台调平过程，高处临海作业，人员发生高坠淹溺	物的因素	高处坠落	2	5	10	较大	（1）作业人员穿戴安全带、救生衣，并正确使用。（2）平台配备救生圈，放置于易取位置	defg
平台设计缺陷或结构缺陷发生平台倾覆或坍塌	物的因素	坍塌	3	4	12	较大	（1）平台设计方案经审批。（2）平台使用前经验收	defg
步骤2：钢管桩起吊、翻身、进龙口								
钢管桩挂钩过程人员高处坠落或被吊具挤压碰撞伤害	人的因素	高处坠落	3	3	9	较大	（1）挂钩过程采用梯子或作业平台上下，避免人员在桩身上行走。（2）系挂钢丝绳采用叉车及锁具钩，避免手扶造成挤压碰撞伤害。	defg

风险识别			风险评价				控制措施	管控主体
危害描述	危害特征	事故类别	可能性	严重程度	矩阵评价	风险等级		
钢管桩挂钩过程人员高处坠落或被吊具挤压碰撞伤害	人的因素	高处坠落	3	3	9	较大	（3）按安全技术操作规程，正确穿戴劳保用品	defg
起重机、吊索具缺陷，导致吊物坠落、设备受损、人员受伤	物的因素	起重伤害	5	5	25	特别重大	（1）吊装前针对吊索具开展安全检查，严禁带缺陷施工。（2）船舶起重机入场须经第三方检验合格。（3）严格执行起重机日检、月检制度	abcdefg
起重作业违章指挥、多重指挥，吊物与周边船机、设备碰撞，挤砸伤人员	管理因素	起重伤害	3	3	9	较大	（1）起重机司机与指挥参加施工安全技术交底。（2）采用专人指挥，严禁其他人员干预。（3）起重作业严格遵循"十不吊"原则，遵守安全技术操作规程。（4）施工前检查起重司机和指挥精神状态	defg
钢管桩脱钩，造成吊机受损，桩体砸伤船体、人员	物的因素	起重伤害	1	4	4	较小	（1）严格按施工方案内容进行施工。（2）吊装前对吊索具、吊梁及起重设备进行检查，确保吊装相关设备工器具状态良好可用，严禁施工工器具带病作业。（3）钢管桩吊运路径严禁跨越甲板面	fg

续表

风险识别			风险评价				控制措施	管控主体
危害描述	危害特征	事故类别	可能性	严重程度	矩阵评价	风险等级		
恶劣海况时作业，发生船机走锚，被吊物坠落或与周边船机、设备碰撞，挤砸伤人员	环境因素	起重伤害	3	4	12	较大	（1）作业前查阅天气预报系统提前预判窗口。（2）保守决策，不满足条件严禁施工	defg
步骤3：液压沉桩								
液压锤起吊，起重机、吊索具缺陷，液压锤掉落，造成吊机受损，砸伤船体、人员或被吊物坠海	物的因素	起重伤害	2	4	8	一般	（1）吊装前对吊索具、吊梁及起重设备进行检查，确保吊装相关设备工器具状态良好可用，严禁施工工器具带病作业。（2）对液压锤吊运路径上的人员进行清场	efg
打桩过程，人员站在平台，桩体与平台碰撞造成人员跌绊或高处坠落入海	物的因素	高处坠落	3	5	15	重大	打桩期间平台作业人员清场，严禁响锤期间在平台逗留	bcdefg
溜桩后倾斜碰撞平台导致桩身垂直度不符合设计技术要求	物的因素	其他事件	5	2	10	较大	通过每个机位地勘特点，提前预判可能溜桩地层，按照方案中防溜桩措施进行操作，增加桩身垂直度监测频率	defg
溜桩后液压锤未能及时脱开，导致起重机瞬间受力超过要求弯折，打桩锤与吊装船、稳桩平台发生碰撞，导致设备损坏、人员受伤	物的因素	起重伤害	3	4	12	较大	（1）通过每个机位地勘特点，提前预判可能溜桩地层，按照方案中防溜桩措施进行操作。（2）加长液压锤吊装钢丝绳的松弛量，避免发生溜桩时液压锤下落对吊机造成的冲击。	defg

风险识别			风险评价				控制措施	管控主体
危害描述	危害特征	事故类别	可能性	严重程度	矩阵评价	风险等级		
溜桩后液压锤未能及时脱开，导致起重机瞬间受力超过要求弯折，打桩锤与吊装船、稳桩平台发生碰撞，导致设备损坏、人员受伤	物的因素	起重伤害	3	4	12	较大	（3）锤击时，始终保持液压锤锤柄卸扣呈45°角受力，一旦发生溜桩，可及时减缓吊机大臂受大力冲击	defg
液压锤液压管线接头爆开，对周边人员造成打击伤害	物的因素	物体打击	2	3	6	一般	（1）液压管线建立控制区并张贴警示标志。（2）管线接头使用接头防护绳链接	efg
步骤4：套笼、内平台安装								
套笼挂钩，高处作业发生人员坠落	人的因素	高处坠落	1	5	5	一般	作业人员穿戴安全带，并正确使用	efg
套笼起吊，受风浪涌影响发生摆动，对周边人员造成挤压伤害	环境因素	机械伤害	1	5	5	一般	（1）平台起吊前对周边人员进行清场。（2）恶劣海况下暂停吊装作业	efg
套笼、内平台吊装过程，起重机械、吊索具缺陷，导致吊物坠落、设备受损、人员受伤	物的因素	起重伤害	2	4	8	一般	（1）吊装前针对吊索具开展安全检查，严禁带缺陷施工。（2）船舶起重机入场须经第三方检验合格。（3）严格执行起重机日检、月检制度	efg

（2）多桩导管架基础施工安全风险识别与评价，见表3-2。

表 3-2 多桩导管架基础施工安全风险识别与评价

风险识别			风险评价				控制措施	管控主体
危害描述	危害特征	事故类别	可能性	严重程度	矩阵评价	风险等级		
施工准备：起重船锚泊布场——同"单桩基础施工"								
施工准备：运输船锚泊就位与驰离——同"单桩基础施工"								
步骤1：稳桩平台搭设与调平——同"单桩基础施工"								
步骤2：钢管桩起吊、翻身——同"单桩基础施工"								
步骤3：钢管桩入龙口——同"单桩基础施工"								
步骤4：液压沉桩——同"单桩基础施工"								
步骤5：导管架吊装								
受海况影响，导管架挂钩时，上部摇晃幅度大，造成人员高处坠落	环境因素	高处坠落	1	5	5	一般	（1）作业人员穿戴全身式安全带，并正确使用。（2）作业环境不具备时严禁作业	efg
导管架在运输船解绑后，涌浪作用下发生倾覆，造成船舶受损或人员受伤	物的因素	起重伤害	1	5	5	一般	（1）恶劣海况下严禁解绑。（2）解绑前应提前完成导管架顶部挂钩，并保持微受力状态	efg
导管架解绑，气割作业发生火灾	人的因素	火灾	2	1	2	较小	（1）动火作业严格执行作业许可制度，落实灭火措施。（2）乙炔瓶安装回火阀	fg
导管架吊装，起重机、吊索具缺陷，吊物坠落，造成吊机受损、砸伤船体、人员或被吊物坠海	物的因素	起重伤害	5	4	20	重大	（1）作业开始前对照吊索具隐患排查标准对吊索具进行检查，不符合要求立即更换。入场以后，执行季度第三方专业检查。（2）严把船舶入场关，落实资料审核、现场状态审核、第三方专业审核，对发现的问题整改后方可进行入场。	bcdefg

风险识别			风险评价				控制措施	管控层级
危害描述	危害特征	事故类别	可能性	严重程度	矩阵评价	风险等级		
导管架吊装，起重机、吊索具缺陷，吊物坠落，造成吊机受损、砸伤船体、人员或被吊物坠海	物的因素	起重伤害	5	4	20	重大	（3）严格落实起重机、吊索具检查、维护、保养制度	bcdefg
导管架揽风绳牵拉人员被揽风绳拉倒或提起，造成人身伤害	人的因素	起重伤害	5	2	10	较大	（1）向作业人员开展风险告知和交底。（2）严禁未交底人员或非施工人员参与揽风绳牵拉	defg
导管架揽风绳锚固点不牢靠或揽风绳断裂，揽风绳对牵拉人员或周边人员造成打击伤害	人的因素	物体打击	3	5	15	重大	（1）揽风绳锚固点须按施工方案中明确的设施选取，严禁私自选取。（2）除揽风绳牵拉作业人员外，其他人员严禁靠近或跨越揽风绳	bcdefg
恶劣海况时作业，发生船机走锚、被吊物坠落、吊物与周边船机、设备碰撞，挤砸伤人员	环境因素	机械伤害	3	4	12	较大	（1）通过天气预报系统提前预判窗口。（2）不满足条件严禁施工，禁止冒险施工行为	defg
步骤6：灌浆作业								
水下观察涉及潜水作业，潜水人员在潜水过程中因健康状况不佳、违规潜水、潜水设备故障、水下障碍物缠绕潜水人员、海流过大等因素导致的溺水风险。详见 3.1.5 "潜水作业"	人的因素、环境因素、管理因素	溺水事故	3	4	12	较大	（1）潜水作业执行"潜水作业高风险作业指导书"。（2）按水下作业方案开展作业。（3）作业开展前，潜水设备经过现场检查。	defg

风险识别			风险评价				控制措施	管控主体
危害描述	危害特征	事故类别	可能性	严重程度	矩阵评价	风险等级		
水下观察涉及潜水作业，潜水人员在潜水过程中因健康状况不佳、违规潜水、潜水设备故障、水下障碍物缠绕潜水人员、海流过大等因素导致的溺水风险。详见3.1.5"潜水作业"	人的因素、环境因素、管理因素	溺水事故	3	4	12	较大	（4）现场有潜水应急保护措施。作业前询问潜水人员精神及身体健康状态，检查潜水设备及辅助设施况，确认潜水水域海况及周边安全环境，不满足潜水作业条件则终止潜水作业	defg

（3）高桩承台基础施工安全风险识别与评价，见表3-3。

表3-3　　　　　　　　　高桩承台基础施工安全风险识别与评价

风险识别			风险评价				控制措施	管控主体
危害描述	危害特征	事故类别	可能性	严重程度	矩阵评价	风险等级		
施工准备：起重船锚泊布场——同"单桩基础施工"								
施工准备：运输船锚泊就位与驰离——同"单桩基础施工"								
步骤1：液压沉桩——同"单桩基础施工"								
步骤2：割桩								
割桩平台吊装过程中，吊索具缺陷，平台坠落，砸伤船体、人员或被吊物坠海	物的因素	起重伤害	1	4	4	较小	（1）吊装前针对吊索具开展安全检查，严禁带缺陷施工。（2）船舶起重机入场须经第三方检验合格。（3）严格执行起重机检查、维护、保养制度	fg
平台上割桩作业，人员高处坠落、淹溺	人的因素	高处坠落	2	3	6	一般	（1）割桩平台应设置防护栏杆。（2）人员高处作业应穿戴安全带、救生衣，并正确使用。	efg

风险识别			风险评价				控制措施	管控主体
危害描述	危害特征	事故类别	可能性	严重程度	矩阵评价	风险等级		
平台上割桩作业，人员高处坠落、淹溺	人的因素	高处坠落	2	3	6	一般	（3）割桩平台放置救生圈。 （4）应急守护船全程值守	efg
割桩过程，气割作业发生火险事件	物的因素	火灾	2	1	2	较小	（1）动火作业严格执行作业许可制度，落实灭火措施。 （2）乙炔瓶安装回火阀	fg
步骤3：J型管、靠船件安装								
J型管、靠船件起吊摇摆，对周边人员造成挤压、碰撞	物的因素	物体打击	2	3	6	一般	（1）J型管、靠船件起吊拉设揽风绳，由专人操作。 （2）J型管、靠船件起吊前对周边人员进行清场	efg
载人吊笼结构缺陷，造成人员高处坠落	物的因素	高处坠落	1	5	5	一般	（1）吊笼使用前经过检查，确认无隐患。 （2）吊笼起吊前确认笼门已关闭并上插销	efg
步骤4：钢套箱安装								
钢套箱起吊摇摆，对周边人员造成挤压、碰撞	环境因素	机械伤害	2	3	6	一般	（1）拉设揽风绳，由专人操作。 （2）钢套箱起吊前对周边人员进行清场。 （3）恶劣海况下暂停吊装作业	efg
钢套箱吊装，起重机、吊索具缺陷，吊物坠落，造成吊机受损、砸伤船体、人员或被吊物坠海	物的因素	起重伤害	1	4	4	较小	（1）吊装前针对吊索具开展安全检查，严禁带缺陷施工。 （2）船舶起重机入场须经第三方检验合格。 （3）严格执行起重机日检、月检制度	fg

风险识别			风险评价				控制措施	管控主体
危害描述	危害特征	事故类别	可能性	严重程度	矩阵评价	风险等级		
钢套箱吊装，人员随平台吊运发生高处坠落	人的因素	高处坠落	2	3	6	一般	（1）人员高处作业应穿戴安全带、救生衣，并正确使用。（2）人员安全带挂点应从吊机挂钩引出安全绳，独立于平台	efg
步骤5：承台下部混凝土施工								
钢筋绑扎作业，临时用电电缆绝缘破损发生人员触电	物的因素	触电	3	2	6	一般	（1）临时用电满足"三级用电、两级保护"。（2）每次使用前电缆做外观检查。（3）电缆与钢筋之间使用绝缘挂钩	efg
钢筋绑扎作业，人员高处作业发生高处坠落	人的因素	高处坠落	1	5	5	一般	人员高处作业应穿戴安全带，并正确使用	efg
动火作业，气瓶或气管漏气，发生火灾	物的因素	火灾	2	1	2	较小	（1）动火作业严格执行作业许可制度，落实灭火措施。（2）乙炔瓶安装回火阀	fg
混凝土浇筑，软管破裂，浆液冲出伤人	物的因素	物体打击	2	1	2	较小	（1）向作业人员开展风险告知和交底。（2）软管弯处保持安全距离	fg
挑梁拆除过程中，挑梁下降牵引钢丝绳断裂，挑梁摆动伤人	物的因素	物体打击	2	3	6	一般	（1）作业前对牵引钢丝绳进行安全检查。（2）挑梁摆动范围内禁止人员逗留	efg
步骤6：螺栓组合件安装								
螺栓组合件吊装，起重机、吊索具缺陷，吊物坠落，砸伤船体、人员或被吊物坠海	物的因素	起重伤害	1	4	4	较小	（1）吊装前针对吊索具开展安全检查，严禁带缺陷施工。	fg

风险识别			风险评价				控制措施	管控主体
危害描述	危害特征	事故类别	可能性	严重程度	矩阵评价	风险等级		
螺栓组合件吊装，起重机、吊索具缺陷，吊物坠落，砸伤船体、人员或被吊物坠海	物的因素	起重伤害	1	4	4	较小	（2）船舶起重机入场须经第三方检验合格。 （3）严格执行起重机日检、月检制度	fg
步骤7：承台上部混凝土施工——同"步骤5：承台下部混凝土施工"								
步骤8：钢套箱拆除								
钢套箱吊装，起重机、吊索具缺陷，吊物坠落，造成吊机受损、砸伤船体、人员或被吊物坠海	物的因素	起重伤害	1	4	4	较小	（1）吊装前针对吊索具开展安全检查，严禁带缺陷施工。 （2）船舶起重机入场须经第三方检验合格。 （3）严格执行起重机日检、月检制度	fg
钢套箱拆除，人员随平台吊运发生高处坠落	人的因素	高处坠落	2	3	6	一般	（1）人员高处作业应穿戴安全带、救生衣，并正确使用。 （2）人员安全带挂点应从吊机挂钩引出安全绳，独立于平台	efg

3.1.1.4 经验反馈

（1）单桩施工过程中起重船大臂弯折事件。

2020年，某公司租赁的起重船正在进行单桩自沉作业，主吊机变幅制动系统故障，起重臂制动失灵。起重指挥人员立即通知现场作业人员撤离吊装作业区域，现场人员及时疏散。随后，起重臂缓慢趴向对侧施工单位租赁的辅助船船艉的稳桩平台，造成起重臂断为两节（见图3-4）。

直接原因：

起重机变幅电机故障或制动装置故障。

经验教训：

将《船用起重机隐患排查标准》（参考《海上风电工程隐患排查指引》分册）加入作业指导书的先决条件检查，发包人驻船责任工程师重点核查起重机定期检查、维护、保养记录是否符合要求。

图 3-4　起重船大臂弯折

将《船用起重机安全检查标准》《履带吊安全检查标准》以及检查、维护、保养记录、使用说明书作为船舶入场验收的必要条件。不符合安全检查标准且有重大隐患的，无检查、维护、保养记录的，无使用说明书的禁止入场作业。

督促承包人组织船用起重机、履带吊检查维护保养人员对使用说明书进行学习，并向发包人反馈使用说明书中的定期检查、维护、保养要求是否与现场检查、维护、保养表格中的要求一致。

要求承包人将起重设备检查、维护、保养人员名单和分工张贴在起重设备上，要求设置海上吊装作业监护人，现场发现异常情况及时预警，人员迅速撤离避险。

制定《起重设备损坏事件应急预案》，应急处置措施是否符合要求。

（2）导管架挂钩时人员被揽风绳带离并掉落受伤事件。

2019 年，某海上风电项目进行导管架吊装前的挂钩作业，使用 1 根吊梁挂 4 根吊带，分别挂导管架两侧各两个吊耳，为了方便挂钩，每根吊带上绑扎了一根稳绳（防止吊带摆动用的揽风绳），稳绳末端固定在船舶上。在一侧吊耳挂钩完成后，正准备挂另一侧的吊耳时突遇强风，吊梁旋转带动挂在吊梁上的吊带摆动，造成绑扎在吊带上的稳绳跳动。站在驳船甲板上的工程师胡某和另外两人见状上前用手拉拽稳绳想让吊带不摆动，胡某站在最前端被跳动的稳绳带起离地面约 1m 高，跳下摔倒在甲板上（见图 3-5）。

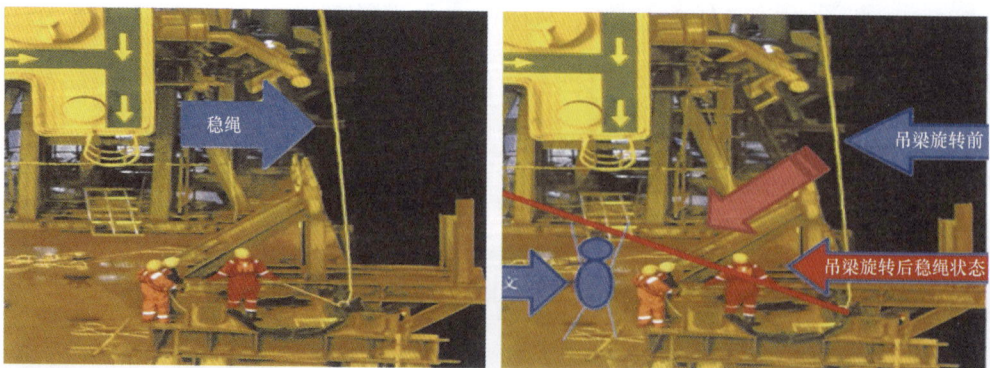

图 3-5　导管架吊装人员受伤

经验教训：

严禁无起重作业操作资格证及未经过起重作业培训的人员进入起重作业控制区。

（3）高桩承台钢套箱异常。

2020年，某海上风电项目风机基础施工作业过程中，发现承台上层局部钢筋凸起，现场立即暂停浇筑，现场施工人员及船机紧急撤离，后经现场实测套箱整体下滑50cm，过程未造成人员及财产直接损失（见图3-6）。

图3-6 高桩承台套箱下滑

事件原因：

承台底层混凝土作为承重结构，实际承载力未能承受上层结构自重及混凝土浇筑过程中的荷载冲击。

承台底部混凝土通过与钢管桩黏结力，以及桩身周边焊接钢筋的锚拉力承受上部施工荷载，对其结构承载能力进行计算和复核，承台底层混凝土承载能力大于上部结构施工总荷载，抗滑稳定安全系数为1.14（满足相关规范要求1.1），但保险裕度偏低。

底层混凝土养护期间，现场遭受九级大风及大潮汛等恶劣天气状况，受此影响存在较大可能出现桩身扰动，混凝土初凝后与钢管桩间产生间隙的情况，导致混凝土与钢管桩间黏结力大幅下降，底层混凝土承载力不足整体下滑。

经验教训：

原设计底层结构虽满足上部施工荷载要求，但考虑施工过程中可能遭受到的大风、浪涌等极端环境影响，后续机位底层混凝土施工将采取增加槽钢与钢管桩焊接固定，增加混凝土与钢管桩间的刚性连接，以提高底层混凝土承载力和抗滑移能力。加固后抗滑稳定安全系数为1.48，极端气象环境，混凝土与钢管桩间黏结力失效的情况下，抗滑稳定安全系数为1.27，相较原1.14有大幅提升。

3.1.2 风机安装施工

3.1.2.1 适用范围
适用于单叶片吊装或叶轮整体吊装的风机安装施工。

3.1.2.2 作业流程图
风机安装施工作业流程图见图3-7。

步骤1：自升式平台插拔桩	步骤2：运输船锚泊就位	步骤3：吊索具挂钩
步骤4：塔筒吊装	步骤5：主机吊装	步骤6：轮毂吊装
步骤7：单叶片吊装式	步骤8：叶轮吊装式（轮毂与叶片整体吊装）	步骤9：塔筒、风机电气安装

图 3-7　风机安装施工作业流程图

3.1.2.3　安全风险识别与评价

（1）自升式平台插拔桩作业安全风险识别与评价，见表 3-4。

表 3-4　　　　　　　　自升式平台插拔作业安全风险识别与评价

风险识别			风险评价				控制措施	管控主体
危害描述	危害特征	事故类别	可能性	严重程度	矩阵评价	风险等级		
步骤1：先决条件检查确认								
操作人员因不具备插拔桩操作能力，可能发生桩腿穿刺、折弯，甚至平台倾覆风险	人的因素	自沉事故	5	5	25	特别重大	严禁无插拔桩操作经验的人员操作插拔桩系统。备注：红线要求，如触发一票否决	abcdefg

风险识别			风险评价				控制措施	管控主体
危害描述	危害特征	事故类别	可能性	严重程度	矩阵评价	风险等级		
插拔桩操作系统存在隐患，在操作过程中发生桩腿折弯、断裂，甚至于平台沉没风险	人的因素	自沉事故	1	5	5	一般	按照检查、维护、保养要求对插拔桩系统进行检查、维护、保养	efg
船方未掌握本机位作业相关参数和地质特征，存在平台穿刺风险	管理因素	自沉事故	5	5	25	特别重大	（1）对"地质勘察报告"中辨识出的地质条件较差的机位实施补充勘察。（2）完成"插拔桩计算报告"。报告中必须明确承载力曲线图和清晰注明是否存在穿刺层。（3）聘请第三方对"插拔桩计算报告"进行复核。一家承包人只允许找一家经过发包人同意的第三方专业机构进行插拔桩计算复核。（4）制定"防穿刺专项措施和应急预案"。（5）制定"自升式平台插拔桩作业风险控制单"，实施签点、放行。（6）作业前将上述内容向船方交底并签字确认。（7）首台机位作业前，组织所有在船人员开展弃船演练	abcdefg
风、浪、流速超过操作手册要求，存在桩腿滑移风险	环境因素	自沉事故	2	3	6	一般	将作业时的风速、浪高、流速信息记录在"自升式平台插拔桩作业风险控制单"中，不符合操作手册要求，严禁开展插拔桩作业	efg

续表

风险识别			风险评价				控制措施	管控主体
危害描述	危害特征	事故类别	可能性	严重程度	矩阵评价	风险等级		
步骤 2：自升式平台定位								
自升式平台定位不合理，作业半径存在过小或过大情况，导致无法作业，需要二次定位，存在桩腿滑移风险	管理因素	自沉事故	1	2	2	较小	（1）严格按照施工方案的要求，控制平台与机位基础的距离，满足作业需求。 （2）记录桩腿坐标，如需要二次定位时，严禁在旧桩靴位置重复站位	fg
步骤 3：插桩（含预压载和保压）								
桩腿站位在"蛋壳层"，存在穿刺风险，甚至于平台沉没风险	人的因素	自沉事故	5	5	25	特别重大	（1）严格执行"自升式平台插拔桩作业风险控制单"，落实签点、放行制度。 （2）建立并执行插深偏差决策机制。 情况 1：当预压力值达到了设计值时，实际插深与计算插深有偏差时。 情况 2：当预压力值未达到设计值时，插深已经超过计算插深时。 （3）严格执行 3 条红线。 红线 1：插拔桩作业过程中严禁与船舶无关人员在甲板上逗留。 红线 2：插拔桩作业过程中严禁使用平台上的吊车和在平台上移动重物。 红线 3：插拔桩作业过程中严禁开展其他作业。	abcdefg

风险识别			风险评价				控制措施	管控主体
危害描述	危害特征	事故类别	可能性	严重程度	矩阵评价	风险等级		
桩腿站位在"蛋壳层"，存在穿刺风险，甚至于平台沉没风险	人的因素	自沉事故	5	5	25	特别重大	（4）发包人对预压载环节实施重点管控，当插深偏差大于警戒值时，驻船工程师随时提醒。如承包人不采取措施，发包人将发布停工指令	abcdefg
步骤4：升降船								
流速、浪高不满足条件下升降船，导致升降系统损坏的风险	人的因素	机械伤害	2	3	6	一般	严格按照操作手册的要求进行升降船	efg
步骤5：拔桩								
桩靴喷冲系统损坏，导致拔桩力超过升降单元额定载荷，存在桩腿形变/裂纹、倾斜、折弯的风险	物的因素	机械伤害	4	2	8	一般	按照操作手册进行操作，保持桩靴喷冲系统的可用性	efg
步骤6：移位								
桩腿未完全收回状态进行移位，可能造成桩腿损坏的风险	人的因素	机械伤害	4	3	12	较大	（1）严格按照操作手册的要求将桩腿收回后进行移位。（2）每次插拔桩作业结束后，由船方检查插拔桩系统完好性。（3）发包人对照《桩腿检查标准》开展检查	defg

（2）风机安装作业安全风险识别与评价，见表3-5。

表 3-5   风机安装作业安全风险识别与评价

风险识别			风险评价				控制措施	管控主体
危害描述	危害特征	事故类别	可能性	严重程度	矩阵评价	风险等级		
步骤 1：运输船锚泊就位								
恶劣海况下走锚或锚缆钢丝绳断裂后船机失稳，导致运输船与自升式平台发生碰撞	物的因素	碰撞事故	4	2	8	一般	（1）运输船舶靠泊必须与施工船机沟通，确认靠泊位置与距离。 （2）风速、浪高、流速等作业条件不满足要求时不要靠泊。 （3）应急值守船舶24h 待命，如遇突发走锚情况及时处置	efg
步骤 2：吊索具挂钩								
吊索具存在质量缺陷，使用中出现吊索具断裂等导致吊物坠落	物的因素	起重伤害	2	4	8	一般	（1）作业前严格进行吊索具的检查并记录，对于不合格的吊索具，严禁使用。 （2）制定季度第三方专业检查、挂牌制度，确保吊索具合格	efg
人员需登上塔筒、风机等顶端进行挂钩，顶端距离地面高度超过 2m，存在高处坠落风险	人的因素	高处坠落	3	3	9	较大	（1）建立牢固的挂点，使用磁吸式挂点或起重机吊钩钢丝绳式挂点。 （2）作业人员全程佩戴五点式安全带。 （3）吊索具连接螺栓力矩符合施工方案要求	defg
步骤 3：塔筒吊装								
塔筒构件上零散物体滑落，存在高处坠物风险	管理因素	物体打击	4	2	8	一般	（1）螺栓等物品需放置于可靠载具中并与塔筒牢固固定。 （2）建立起重作业控制区并设置监护人	efg

风险识别			风险评价				控制措施	管控主体
危害描述	危害特征	事故类别	可能性	严重程度	矩阵评价	风险等级		
双钩抬吊进行塔筒翻身，因起重指挥沟通或两台起重机配合不当，导致塔筒晃动较大，致使动载荷过大，存在起重机超载作业风险	人的因素	起重伤害	2	5	10	较大	作业前起重机司机接受安全技术交底，起重指挥做好沟通交流，两台起重机动作协调统一	defg
对接就位时，因风力等导致塔筒晃动较大无法就位，存在设备碰撞和人员挤压风险	环境因素	起重伤害	2	4	8	一般	（1）风速严格执行风机安装手册要求。（2）上部塔筒和机舱安装时，施工人员只允许在下段塔筒内部，且位于法兰水平高度以下部位	efg
步骤4：主机吊装								
因风速影响，主机吊装时摆动幅度较大，存在设备碰撞和人员挤压风险	物的因素	起重伤害	4	2	8	一般	（1）严格执行风机吊装高风险作业指导书中关于风速的要求。（2）就位时，起重机动作应缓慢，安装人员身体不得伸出塔筒边缘。（3）上部塔筒和机舱安装时，施工人员只允许在下段塔筒内部，且位于法兰水平高度以下部位	efg
步骤5：轮毂吊装								
轮毂对接就位时，因风力等导致轮毂晃动较大无法就位，存在设备碰撞和人员挤压风险	人的因素、环境因素	起重伤害	4	2	8	一般	（1）严格执行风机吊装高风险作业指导书中关于风速的要求。（2）吊装过程中，使用溜绳控制姿态，保证设备姿态稳定	efg

风险识别			风险评价				控制措施	管控主体
危害描述	危害特征	事故类别	可能性	严重程度	矩阵评价	风险等级		
步骤6：单叶片吊装式								
起吊过程中稳定性受风速影响较大，现场风速过大或起重操作人员失误导致起吊物件摆动幅度较大，存在设备碰撞和人员挤压风险	物的因素	物体打击	4	4	16	重大	（1）严格执行风机吊装高风险作业指导书中关于风速的要求。（2）叶片吊具在作业前提供使用说明书和检查记录表，并按照要求落实检查、维护、保养。（3）操作人员培训授权和吊具检查记录作为先决条件进行核查。（4）叶片吊装过程中，使用溜绳控制姿态，保证设备姿态稳定。机械揽风系统钢丝绳松弛度列为控制要点	bcdefg
单叶片安装吊具可在空中调整叶片姿态，因安装吊具设备缺陷，或操作人员失误，导致叶片无法对接	物的因素	物体打击	4	2	8	一般	（1）叶片吊装前对单叶片吊具进行检查，确保吊具性能。（2）吊具操作人员应接受安全技术交底，并与起重指挥做好沟通交流，确保叶片吊装姿态	efg
步骤7：叶轮吊装式（轮毂与叶片整体吊装）								
工序1：叶片吊装								
起吊过程中稳定性受风速影响较大，现场风速过大或起重操作人员失误导致起吊物件摆动幅度较大，存在设备碰撞和人员挤压风险	物的因素	物体打击	2	3	6	一般	（1）严格执行风机吊装高风险作业指导书中关于风速的要求。（2）叶片吊装过程中，使用溜绳控制叶轮姿态，保证设备姿态稳定。（3）对吊带可靠性进行检查和验证	efg

风险识别			风险评价				控制措施	管控主体
危害描述	危害特征	事故类别	可能性	严重程度	矩阵评价	风险等级		
工序2：叶片轮毂组装对接								
"象腿"焊接质量不符合要求，组装时造成设备损坏	物的因素	机械伤害	5	1	5	一般	注意叶轮组对工装（俗称"象腿"工装）的检查和验收，确保"象腿"焊接质量	efg
工序3：叶轮吊装								
叶轮翻身作业，两台起重机配合不当，使叶轮晃动较大，导致动载荷过大，起重机超载，存在起重机倾覆风险	人的因素、物的因素	起重伤害	3	4	12	较大	（1）作业指导书明确叶轮起吊后，两台起重机配合作业的安全技术要求。（2）作业前起重机司机接受安全技术交底，起重指挥做好沟通交流，两台起重机动作协调统一	defg
叶轮对接就位时，因风力等导致叶轮晃动较大无法就位，存在设备碰撞和人员挤压风险	人的因素	起重伤害	5	3	15	重大	（1）严格执行风机吊装高风险作业指导书中关于风速的要求。（2）叶轮吊装过程中，使用溜绳控制叶轮姿态，保证设备姿态稳定。（3）叶轮就位时，起重机动作应缓慢，人员不得站位机舱间隙内。（4）叶片就位时，不得将身体伸出轮毂。（5）叶片变桨时，作业人员应与其保持安全距离。	bcdefg

风险识别			风险评价				控制措施	管控主体
危害描述	危害特征	事故类别	可能性	严重程度	矩阵评价	风险等级		
叶轮对接就位时，因风力等导致叶轮晃动较大无法就位，存在设备碰撞和人员挤压风险	人的因素	起重伤害	5	3	15	重大	（6）在机舱内工作时，必须将安全带系挂在机舱锚固点上，防止高处坠落。必须按照厂家说明书及时将叶片桨距角调节至抗涡激模式；叶片处于顺桨状态；叶轮转子处于机械锁定状态；禁止在朝下的叶片上去除人孔盖，防止人员和工器具等坠落到叶片内部	bcdefg
步骤8：塔筒、风机电气安装								
塔筒直梯距离塔筒平台有数十米高度，人员攀爬时存在高处坠落风险	人的因素	高处坠落	2	2	4	较小	（1）作业人员作业前必须经过安全技术交底，作业过程中安全帽、安全带必须穿戴整齐并正确使用。（2）上下塔筒要使用防坠器，加强现场安全监管	fg
塔筒内空间闭塞，天气炎热，易发生人员中暑	管理因素	职业病	3	3	9	较大	（1）塔筒内作业时要配置通风设施（冷风机），两人一组，不得单独进入作业。（2）提供防暑降温饮料及药品。（3）制定风机内中暑应急处置方案并开展应急演练	defg
风机塔筒内易燃杂物堆积，存在发生火灾风险	管理因素	火灾	2	4	8	一般	加强塔筒内作业管理，作业完毕清理作业场地，塔筒内严禁吸烟，动火作业需做好有效的防火措施	efg

风险识别			风险评价				控制措施	管控主体
危害描述	危害特征	事故类别	可能性	严重程度	矩阵评价	风险等级		
电气安装时，因人员操作失误，工具从平台坠落，造成人员受伤	人的因素	物体打击	3	1	3	较小	（1）在机舱内工作时，必须锁定齿轮箱高速轴。 （2）在电气安装过程中，禁止抛接物品。 （3）使用时严格按照操作规程操作，使用完毕后严禁放置于栏杆侧	fg

3.1.2.4 经验反馈

起重船钢丝绳断股事件：

2020年，某起重船在进行风机塔筒卸货（底塔筒由运输船吊运到安装船），300T副钩钢丝绳发生断股，断股时底塔筒已起吊，紧急情况下降底塔筒重新落位运输船。事后检查发现，该钢丝绳在大臂顶端滑轮出现脱槽，挤压磨损后发生断股（见图3-8）。

图3-8　钢丝绳断股

直接原因：

起重船大臂顶端滑轮防脱杆漏装。

经验教训：

船舶入场前要经过资料审核、现场状态审核、第三方专业审核后方可入场。

第三方专业审核时需要使用《船用起重机隐患排查标准》（参见《海上风电工程隐患排查指引》分册）对船用起重机进行逐条核查并出具检查报告。

3.1.3 海缆敷设作业

3.1.3.1 适用范围

适用于海上风电风机与风机之间、风机与升压站之间、升压站与陆上集控中心之间的海缆敷设连接施工。

3.1.3.2 作业流程图

海缆敷设施工作业流程图，见图3-9。

步骤1：接缆 施工船舶在海缆生产厂家/码头进行海缆装船。包括：码头就位、海缆装船、附件吊装	
步骤2：敷设前进行扫海作业 熟悉施工海域海况，清除海床表面异物，常用方法为辅助施工船尾系扫海设备进行扫海	
步骤3：登陆段施工 施工内容包括：岸滩设置牵引锚机→施工船锚泊就位→电缆绑扎浮球入水→牵拉至岸滩→核实长度，割断浮球→牵拉至集控中心	

步骤4：中间海域段海缆敷设施工 施工内容包括：埋深施工船锚泊就位→缆盘内电缆提升→电缆放入甲板入水槽→电缆放入埋设机腹部→投放埋设机至海床面→牵引施工船敷埋电缆	
步骤5：终端登陆施工 施工内容包括：施工船锚泊就位→设置牵引钢丝绳→安装弯曲限制器→牵拉海缆→安装锚固→剥铠分相→电缆穿柜	
步骤6：海缆端接施工	
步骤7：耐压试验	

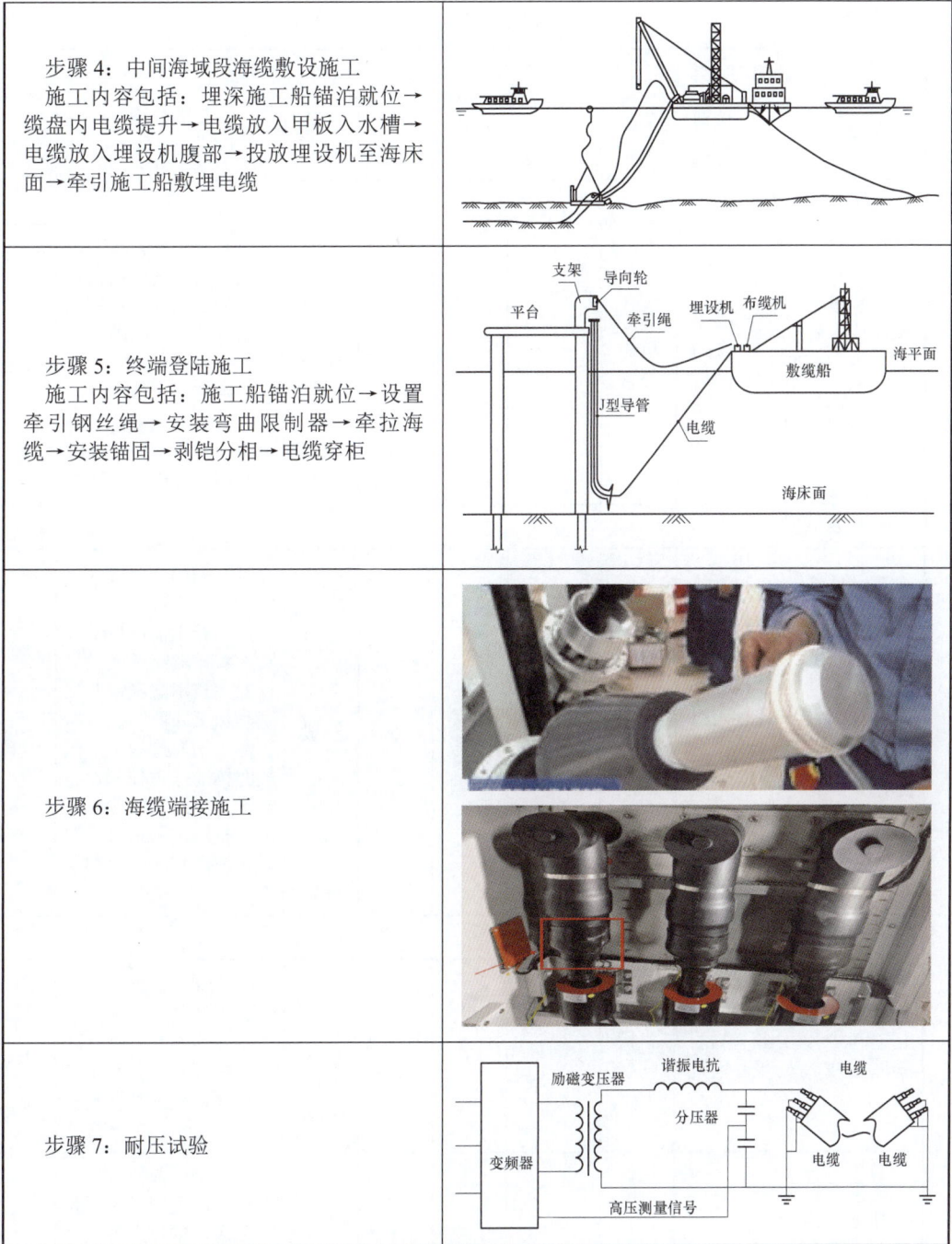

图 3-9　海缆敷设施工作业流程图

3.1.3.3　安全风险识别与评价

（1）海缆敷设施工安全风险识别与评价，见表 3-6。

表 3-6   海缆敷设施工安全风险识别与评价

风险识别			风险评价				控制措施	管控主体
危害描述	危害特征	事故类别	可能性	严重程度	矩阵评价	风险等级		
步骤 1：接缆								
海缆接缆过程中沟通不畅，电缆过驳速度过快，造成电缆打纽或人员受伤	人的因素	机械伤害	3	3	9	较大	（1）船上操作组与陆上操作组应统一指挥，保持通信畅通，指挥信号必须准确、清晰。 （2）过驳电缆时，电缆仓中有专人监护。 （3）夜间过驳施工，电缆通道全程应有足够的照明，并由专人巡视	defg
步骤 2：扫海								
扫海过程中遇到障碍物，人员操作失误造成船机受损，造成人员受伤	人的因素	海上交通事故	3	2	6	一般	（1）船舶入场验收合格。 （2）开工前由技术负责人对作业相关人员进行安全技术交底，并签字确认交底内容。 （3）扫海过程中，当扫海锚的张力控制设备显示张力过大时应立即停止扫海，回扫海锚并进行清理扫海锚上的杂物	efg
步骤 3：登陆段施工								
挖掘机配合施工过程中发生倾覆，造成人员受伤	物的因素	机械伤害	3	3	9	较大	（1）开工前完成作业先决条件确认。 （2）浅滩登陆时水陆两用挖掘机作业须由专人指挥，提前掌握潮汐状况	defg
海缆牵拉，卷扬机钢丝绳对周边人员造成打击伤害或卷扬机钢丝绳断裂对周边人员造成打击伤害	物的因素	物体打击	3	3	9	较大	（1）牵引前检查钢丝绳型号满足现场牵引拉力要求，钢丝绳外观良好无断股，开丝等情况。 （2）牵引卷扬机要提前检查验收，外观、电源、接地、机械等。	defg

续表

风险识别			风险评价				控制措施	管控主体
危害描述	危害特征	事故类别	可能性	严重程度	矩阵评价	风险等级		
海缆牵拉，卷扬机钢丝绳对周边人员造成打击伤害或卷扬机钢丝绳断裂对周边人员造成打击伤害	物的因素	物体打击	3	3	9	较大	（3）卷扬机固定在牢固固定点。 （4）海缆牵引作业时建立隔离区，无关人员禁止靠近	defg
步骤4：中间海域段海缆敷设施工								
船舶抛锚，船锚与海缆间安全距离不足，导致海缆受损	人的因素	其他事件	4	2	8	一般	要求所有船机定位前锚位经抛锚审批，核实抛锚后锚位的符合性。确保船机锚缆与海缆保持安全距离	efg
海缆敷设过程中遇台风天气，导致海缆被动切割	人的因素环境因素	其他事件	5	3	15	重大	（1）海缆敷设前要提前规划好作业时间窗口。 （2）编制应急预案，如遇突发情况紧急处置，避免出现人员伤亡的情况	bcdefg
埋设犁投放过程，起吊摇摆对周边人员碰撞	物的因素	物体打击	3	3	9	较大	埋设机投放时，起吊范围内禁止人员进入，操作人员熟悉投放操作规程	defg
埋设犁入水就位，潜水员下水查验及解钩过程，埋设犁晃动对潜水员造成伤害	物的因素	物体打击	3	3	9	较大	潜水员入水前，埋设机须已投放稳定，且禁止操作吊机	defg
海缆敷设过程中，人员与海缆或转盘接触，人员发生跌绊	物的因素	机械伤害	3	3	9	较大	（1）电缆敷设过程中，禁止人员踩踏或靠近逐渐下放至海底的电缆。 （2）海缆敷设过程中，禁止靠近船机设备转动装置（锚机/转盘等）	defg

风险识别			风险评价				控制措施	管控主体
危害描述	危害特征	事故类别	可能性	严重程度	矩阵评价	风险等级		
弯曲限制器安装过程中海缆下放，对作业人员造成打击或挤压	物的因素	机械伤害	3	3	9	较大	安装弯曲限制器时，禁止人员操作下放海缆，下放海缆时，安装弯曲限制器作业人员应远离海缆	defg
步骤5：终端登陆施工								
手拉葫芦牵拉海缆，葫芦挂点不牢或葫芦链条断裂，对周边人员造成伤害	物的因素	起重伤害	3	3	9	较大	（1）开工前完成作业先决条件确认。（2）葫芦使用前须经过检查，禁止带病作业。（3）葫芦挂点的选择应严格执行方案要求。（4）海缆牵引作业，无关人员禁止靠近	defg
附件安装或检查，潜水作业，发生挤压碰撞伤害	物的因素	机械伤害	4	3	12	较大	（1）潜水作业人员持证上岗，精神状态良好，作业前完成安全技术交底。（2）潜水员下水前确认周边海域无打桩或其他受影响的作业。（3）潜水员与J型管、海缆保持安全距离，以防被海缆与J型管挤伤。（4）在下水作业前，必须全面检查潜水装备，并进行试潜。（5）按照潜水作业最低人员数量配置潜水员、生命支持员、潜水监督。（6）作业前划定潜水作业警戒区，无关人员禁止进入	defg

续表

风险识别			风险评价				控制措施	管控主体
危害描述	危害特征	事故类别	可能性	严重程度	矩阵评价	风险等级		
步骤6：海缆端接施工								
作业人员不熟悉安装工艺，终端及接头不满足质量和规范要求，电缆头制作中受潮	人的因素	其他事件	1	3	3	较小	（1）安装前，应确认部件材质是否满足需要规范、设计要求并查看是否符合附带图纸尺寸。 （2）作业人员需全程参加设计交底、施工技术交底及施工安全交底等。 （3）电缆头制作时要防潮，不应在大风、大雾制作电缆头	fg
步骤7：耐压试验								
海底电缆耐压试验中存在人员触电伤害	物的因素	触电	1	3	3	较小	（1）加强监护，按施工用电组织设计规范用电。 （2）建立隔离区域，无关人员禁止入内。 （3）操作隔离开关的人员做好安全防护	fg
步骤8：成品保护								
船舶起锚、抛锚时，未预判海缆实际敷设路由或禁锚区，锚链和锚钩刮伤海缆	管理因素	其他伤害	4	3	12	较大	（1）海缆铺设完成后及时公布路由信息，向当地海洋管理部门申报，由海图出版部门将该路由标于新颁海图，对船只、人员加以警示。 （2）海缆路由图信息打印在各船舶公示，且自航船将坐标信息输入船上 AIS 系统。 （3）船舶抛锚前提前查看海缆路由图，尽量避开海缆抛锚。 （4）船舶抛锚须落实审批制度。 （5）抛锚不能跨海缆，避开海缆 50～100m。	defg

风险识别			风险评价				控制措施	管控主体
危害描述	危害特征	事故类别	可能性	严重程度	矩阵评价	风险等级		
船舶起锚、抛锚时，未预判海缆实际敷设路由或禁锚区，锚链和锚钩刮伤海缆	管理因素	其他伤害	4	3	12	较大	（6）海底电缆敷设路径范围内的电缆转弯处、端部等部位，应在海底电缆施工完成后设置标志标记。（7）船舶走锚及时启动应急处置方案	defg
步骤9：后冲埋施工								
海缆冲埋过程中，人员靠近下放至海底的电缆或船机设备转动装置（锚机/转盘等），可能导致擦伤或身体卷入，造成人身伤害	物的因素	机械伤害	2	2	4	较小	（1）海缆冲埋过程中，禁止人员踩踏或靠近逐渐下放至海底的电缆。（2）海缆敷设过程中，禁止靠近船机设备转动装置（锚机/转盘等）	fg

3.1.3.4 经验反馈

海缆被锚损事件：

2020 年，220kV 海陆缆耐压试验过程中发现 B 相耐压加到 90kV 放电保护动作，经故障排查，初步判断放电点位于距登陆点约 3.4km 海缆位置。经现场分析后，确定为锚损，怀疑是非法船只在此抛锚导致海缆受损。锚损破坏了海缆钢丝铠装，导致海缆 B 相绝缘层被破坏，耐压试验时被击穿接地。

经验教训：

设置海域电子围栏，实时监测进入风电场海域的船舶。

设置警戒船，警戒船对进入风电场海域的船舶进行提醒、跟踪。

增加施工过程中海缆异常监测、尽早投入海缆监测装置。

在海缆和光纤贯通后，加快海缆监测装置的调试和投运。海缆工程竣工后，将路由报审给相关部门，加入海图中。

3.1.4 海上升压站基础施工及上部组块吊装

3.1.4.1 适用范围
适用于采用起重吊装法施工的海上升压站基础及上部组块施工。

3.1.4.2 作业流程图
海上升压站基础施工及上部组块吊装作业流程图，见图 3-10。

步骤 1：基础导管架吊装	步骤 2：基础钢管桩起吊、插打

步骤 3：基础钢管桩灌浆	步骤 4：上部组块吊装

步骤 5：上部组块就位	步骤 6：施工完成

图 3-10　海上升压站基础施工及上部组块吊装施工作业流程图

3.1.4.3　安全风险识别与评价

海上升压站基础施工及上部组块吊装安全风险识别与评价，见表 3-7。

表 3-7　　海上升压站基础施工及上部组块吊装安全风险识别与评价

风险识别			风险评价				控制措施	管控主体
危害描述	危害特征	事故类别	可能性	严重程度	矩阵评价	风险等级		
施工准备：起重船就位布场（基础及上部组块）								
天气、海况不满足施工条件	环境因素	碰撞事故	1	3	3	较小	（1）严格按照已评审施工方案施工，保守决策。 （2）执行高风险作业指导书，严格检查先决条件，落实审批制度，加强监督，不具备作业条件情况下严禁冒险作业	fg
抛锚作业，人员操作不当，缆机将人员手肘卷入卷筒，或缆绳将周边其他人员绊倒	人的因素	机械伤害	2	2	4	较小	（1）开展人员安全交底，作业人员正确穿戴劳保用品。 （2）抛锚作业周边人员与缆绳保持安全距离，抛锚过程中关注周边安全环境	fg
人员跨越缆绳或距离缆绳安全距离不足，缆绳受力绷直对人员造成打击伤害	人的因素	物体打击	3	2	6	一般	（1）开展人员安全告知，作业人员正确穿戴劳保用品。 （2）缆绳、锚机张贴警示标识，禁止跨越受力缆绳。 （3）抛锚、绞锚作业时，对周边无关人员进行清场	efg
锚机或缆绳存在缺陷，受力发生损坏或断裂，对周边物项、人员造成伤害	物的因素	物体打击	2	3	6	一般	（1）严格执行锚机设备定期检查、维护、保养，严禁带病运行，禁用不满足要求的设备及缆绳。 （2）开展人员安全告知，锚机周边保持安全距离。 （3）缆绳、锚机张贴警示标识	efg
锚机制动故障，船舶走锚	物的因素	碰撞事故	2	2	4	较小	（1）严格执行锚机设备定期检查、维护、保养，严禁带病运行。	fg

风险识别			风险评价				控制措施	管控主体
危害描述	危害特征	事故类别	可能性	严重程度	矩阵评价	风险等级		
锚机制动故障，船舶走锚	物的因素	碰撞事故	2	2	4	较小	（2）自身带动力船机及时启动，调整船位，启用备用锚确保船舶本身及周边船机和设施安全，无动力船机或施工平台走锚时，及时调动锚艇等辅助船保证走锚船机及周边设施安全的同时，启用备用锚	fg
涌浪影响和甲板潮湿，人员摔倒跌伤	物的因素	其他事件	3	1	3	较小	（1）甲板面保持清洁，油污、水渍及时清理。（2）作业人员劳保鞋应具有防滑功能	fg
施工准备：运输船进点就位（基础及上部组块）								
运输船进点与起重船发生碰撞或运输船上海升导管架/上部组块与起重船发生碰撞	人的因素	碰撞事故	2	2	4	较小	（1）严格按照已评审施工方案施工，对天气、海况保守决策。（2）各作业面保持通信畅通，现场由统一指挥	fg
运输船与起重船锚缆发生干涉，造成运输船损伤或起重船缆绳损伤或走锚	人的因素	触碰事故	2	2	4	较小	（1）各作业面保持通信畅通，现场统一指挥。（2）运输船安排人员进行监护，与司机保持密切联系	fg
运输船抛锚、与起重船带缆作业，发生缆绳伤人	人的因素	物体打击	3	3	9	较大	（1）开展人员安全交底，作业人员正确穿戴劳保用品。（2）对缆绳周边无关人员进行清场	defg
施工准备：基础导管架/上部组块在运输船解绑								
登导管架/上部组块吊索具挂钩，受海况影响，船舶晃动幅度大，登顶吊篮与平台发生碰撞、挤压造成人员高处坠落	物的因素	高处坠落	3	2	6	一般	（1）开展人员安全交底，作业人员佩戴安全带并正确使用。（2）时刻观察气象、海况，杜绝冒险作业。（3）起重司机与指挥保持通信畅通	efg

风险识别			风险评价				控制措施	管控主体
危害描述	危害特征	事故类别	可能性	严重程度	矩阵评价	风险等级		
导管架/上部组块吊索具挂钩，吊索具摆动，对人员形成碰撞、挤压	物的因素	起重伤害	3	2	6	一般	挂钩过程中，吊钩降落至较开阔位置，作业人员挂钩后迅速撤离与吊索具保持安全距离	efg
导管架/上部组块吊索具挂钩，未设置安全溜绳，吊索具或吊耳摆动，对人员形成碰撞、挤压	物的因素	起重伤害	3	2	6	一般	（1）开展人员安全交底，作业人员正确穿戴劳保用品。（2）海况不佳，吊索具晃动幅度大，挂钩困难，暂停作业	efg
吊索具挂钩过程中滑脱，砸伤挂钩相关人员	物的因素	起重伤害	2	3	6	一般	开展人员安全交底挂钩完成后迅速撤离与吊索具保持安全距离	efg
导管架/上部组块绑扎固定件切割，发生火险事件	人的因素	火灾	2	3	6	一般	（1）落实动火作业审批制度。（2）作业前对动火器具严格检查。（3）氧气、乙炔气瓶间保持安全距离（≥5m），气瓶与动火点距离≥10m。（4）动火点配备灭火器。（5）安排人员对各动火点巡查监督，早发现早纠正	efg
导管架/上部组块绑扎固定件切割，对人员造成灼烫	人的因素	灼烫	2	2	4	较小	（1）作业人员正确穿戴劳保用品。（2）安排人员对各动火点巡查监督，早发现早纠正	fg
导管架/上部组块绑扎固定件切割，运输船临边作业人员坠海	人的因素	淹溺	2	2	4	较小	（1）临边作业正确穿戴劳动保护用品。（2）安排人员对各动火点巡查监督，发生坠海后第一时间救捞	fg

续表

风险识别			风险评价				控制措施	管控主体
危害描述	危害特征	事故类别	可能性	严重程度	矩阵评价	风险等级		
导管架/上部组块绑扎固定件切割，高处作业发生人员高处坠落	人的因素	高处坠落	2	3	6	一般	（1）作业人员配戴安全带并正确使用。 （2）高处作业使用作业平台	efg
绑扎固定件解除前起重船起重机未对导管架/上部组块进行初步提拉，解绑后运输船晃动，导管架/上部组块翻坠	管理因素	起重伤害	1	5	5	一般	（1）恶劣海况下严禁解绑。 （2）解绑前应提前完成导管架顶部挂钩，并保持微受力状态。 （3）现场作业统一指挥	efg
步骤1：基础导管架/上部组块起吊、运输船撤离								
吊索具、起重机缺陷，导致起重吊装过程中发生起重伤害	物的因素	起重伤害	3	5	15	重大	（1）起重吊装前开展吊索具联检，严禁带隐患作业。 （2）严格执行起重设备定期检查制度，严禁带病作业	bcdefg
恶劣海况，导致船舶晃动，引起吊物摆动，吊物与周边设施结构（包括运输船或起重船）发生碰撞，造成吊物受损或周边设施结构受损及人员伤亡等事件发生	物的因素	起重伤害	3	3	9	较大	（1）各作业面保持通信畅通，现场统一指挥。 （2）时刻观察气象、海况，保守决策，杜绝冒险作业	defg
导管架/上部组块上散件未固定或清除，起重过程散件坠落，可能导致下方施工作业人员击打伤害	物的因素	起重伤害	3	3	9	较大	起吊前安排人员对吊物上散件进行检查、清理、加固	defg

风险识别			风险评价				控制措施	管控主体
危害描述	危害特征	事故类别	可能性	严重程度	矩阵评价	风险等级		
运输船撤离时，与起重船锚缆发生刮碰，造成船体损坏及其他后果	人的因素	触碰事故	2	2	4	较小	（1）各作业面保持通信畅通，现场由统一指挥。 （2）运输船绞锚与起重船离开足够距离后再起锚驰离	fg
步骤2：基础导管架/上部组块就位								
起重船绞锚（或 DP 动力）移船就位速度过快，造成导管架/上部组块摆动与起重臂碰撞，引起导管架或上部组块本体损伤	人的因素	起重伤害	2	4	8	一般	（1）严格控制船舶移动速度，匀速行进。 （2）现场统一指挥，人员时刻观察吊物摆幅	efg
起重船绞锚移船发生走锚	物的因素	触碰事故	1	5	5	一般	（1）吊装前确保处于平潮期，流速、涌浪满足施工条件。 （2）严格按方案抛锚，确定锚位到达设计位置	efg
导管架/上部组块就位后，人员登导管架/上部组块进行后续作业时未注意登乘环境，可能发生坠海或高处坠落风险	人的因素	高处坠落淹溺	2	5	10	较大	（1）开展人员安全交底，作业人员正确穿戴劳保用品。 （2）时刻观察气象、海况，杜绝冒险作业	defg
解钩过程吊索具摆动造成人员被吊索具挤压碰撞	人的因素	起重伤害	3	2	6	一般	（1）开展人员安全交底，作业人员正确穿戴劳保用品。 （2）解钩完成后迅速撤离与吊索具保持安全距离	efg
步骤3：升压站基础钢管桩起吊、插打、灌浆——同"导管架基础施工"								
步骤4：上部组块与基础焊接固定								
动火作业，发生火灾事故	人的因素	职业病	2	2	4	较小	（1）落实动火作业审批制度。	fg

风险识别			风险评价				控制措施	管控层级
危害描述	危害特征	事故类别	可能性	严重程度	矩阵评价	风险等级		
动火作业，发生火灾事故	人的因素	职业病	2	2	4	较小	（2）作业前对动火器具严格检查。 （3）动火点配备灭火器。 （4）安排人员对各动火点巡查监督，早发现早纠正	fg
电焊作业发生人员触电、灼烫	人的因素	灼烫	2	1	2	较小	作业人员正确穿戴劳保用品（防护面罩、焊工手套）	fg

3.1.4.4 经验反馈

海上升压站内部构件倾倒：

某海上风电项目海上升压站上部组块完成吊装完成后发现，二次设备间个别屏柜倾倒，柜体变形、线缆拉扯受损等问题，220V 蓄电池间 1 号蓄电池组出现移位，部分线缆拉扯受损（见图 3-11）。

图 3-11 升压站内部蓄电池位移

经验教训：

招标时在设备技术规格书中增加对蓄电池组类的设备固定方式和（或）提供海运绑扎方案和加固材料的要求，避免蓄电池在运输过程中互相碰撞摩擦导致外壳损坏、漏液等故障，落实到后续项目招标文件中。

质量计划内增加设备安装固定检验点，要求抽检比例不得低于30%，同时要覆盖到每一列屏柜，使用多种方式确定屏柜固定效果。

海运绑扎环节：海运前再次检查屏柜固定情况，扩大抽检范围。

3.1.5 潜水作业

3.1.5.1 适用范围

适用于海上风电工程潜水作业。

3.1.5.2 作业流程图

潜水作业流程图，见图 3-12。

步骤 1：潜水作业准备	步骤 2：入水
	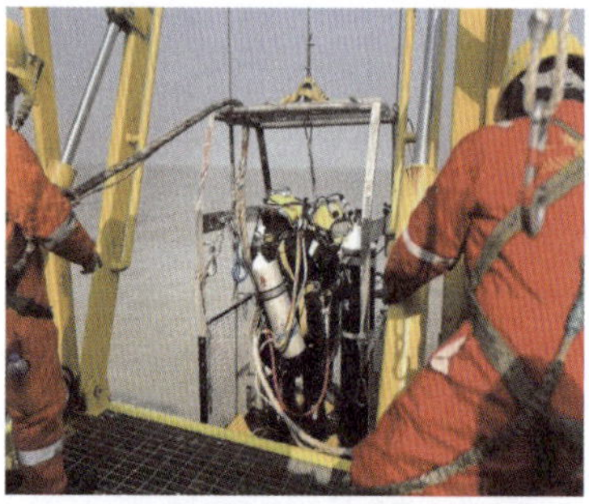
步骤 3：水下作业监控	步骤 4：出水后减压
	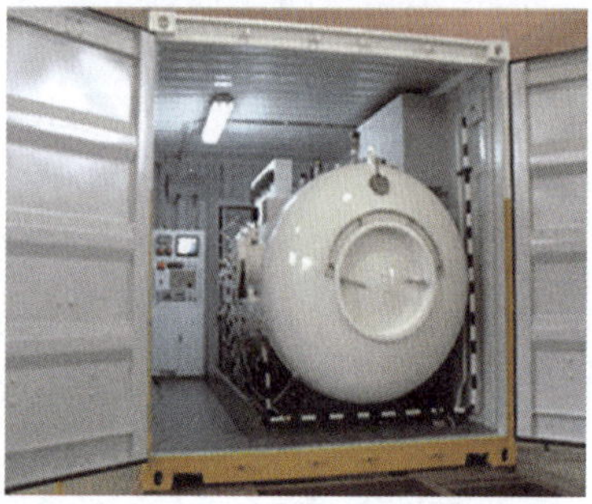

图 3-12 潜水作业流程图

3.1.5.3 安全风险识别与评价

潜水作业安全风险识别与评价，见表 3-8。

表 3-8 潜水作业安全风险识别与评价

风险识别			风险评价				控制措施	管控主体
危害描述	危害特征	事故类别	可能性	严重程度	矩阵评价	风险等级		
步骤 1：潜水作业准备								
设备电芯裸露，导致人员触电	物的因素	触电	2	5	10	较大	作业前对电气设备进行检查，禁止带缺陷作业	defg

风险识别			风险评价				控制措施	管控主体
危害描述	危害特征	事故类别	可能性	严重程度	矩阵评价	风险等级		
通信线路故障、供气管线破损，导致潜水员淹溺	物的因素	淹溺	1	5	5	一般	（1）在下水作业前，必须全面检查潜水装备，并进行试潜。 （2）定期对潜水设备开展专项检查和日常维护。 （3）潜水装备规范搬运及存放	efg
备用气源缺失或不可用，两套气源供电系统不独立，突发情况下导致潜水员淹溺	物的因素	淹溺	1	5	5	一般	（1）设备入场验收确认气源为满足规范的两套设备。 （2）作业前检查供气电源，电源应独立	efg
应急气瓶（回家气瓶）缺失或压力不足，突发情况下导致潜水员淹溺	物的因素	淹溺	2	5	10	较大	潜水作业前对应急气瓶开展检查，确保满足条件	defg
应急潜水员缺失或未处于待命状态，突发情况下导致潜水员淹溺	物的因素	淹溺	2	5	10	较大	（1）应急潜水员在作业潜水员下水前应准备就绪，处于随时可下水状态。 （2）确保应急潜水员通信系统可用	defg
潜水作业班组人员工种配置和人员数量不足，潜水现场管理体系失效	管理因素	其他事件	2	3	6	一般	（1）潜水队入场应确认其配置满足潜水作业最低人员数量配置潜水员、生命支持员、潜水监督，否则拒绝其作业安排。 （2）作业前检查各岗位人员是否就位，其对岗位职责是否清楚	efg
步骤2：水下作业								
水下构件因不牢固而发生倒塌	物的因素	砸伤挤压	1	4	4	较小	（1）作业前应对作业周边构件进行分析，确保结构稳定。 （2）对潜水员开展风险告知和交底	fg

风险识别			风险评价				控制措施	管控主体
危害描述	危害特征	事故类别	可能性	严重程度	矩阵评价	风险等级		
过往船只螺旋桨将潜水员脐带绞入，或螺旋桨直接对对潜水员造成打击伤害	管理因素	机械伤害	2	5	10	较大	（1）潜水作业期间，船舶悬挂潜水作业旗帜。（2）潜水监督对潜水环境进行观察，对可能闯入潜水区域的船舶通过甚高频要求其驰离	defg
未及时躲避水下礁石、废弃尖锐金属等，导致潜水人员受伤或淹溺	物的因素	其他事件	2	3	6	一般	（1）作业前安排潜水作业辅助人员，帮助潜水员安全入水。（2）对于干舷高的船舶使用起重机配合潜水吊笼进行入水或制作专用悬梯	efg
潜水员从船舷边滑落造成人员受伤	人的因素	高处坠落	2	3	6	一般	（1）作业前安排潜水作业辅助人员，帮助潜水员安全入水。（2）对于干舷高的船舶使用起重机配合潜水吊笼进行入水或制作专用悬梯	efg
潜水通信系统出现故障无法及时判断潜水员状态	物的因素	淹溺	1	2	2	较小	潜水作业过程中潜水通信系统故障时潜水员结束潜水	fg
潜水员作业区域有液压沉桩作业，锤击能量对潜水员做成伤害	管理因素	其他事件	2	3	6	一般	（1）潜水作业期间，船舶悬挂潜水作业旗帜。（2）明确规定，潜水作业1.5km范围内禁止沉桩作业，管理人员在潜水作业审批、沉桩作业审批时应考虑两者的距离	efg
船舶DP开启，潜水员脐带被螺旋桨绞入	管理因素	机械伤害	3	5	15	重大	船舶DP作业情况下严禁开展潜水作业	bcdefg
水下焊接切割作业，发生触电	物的因素	触电	2	5	10	较大	（1）水下切割和焊接的潜水员必须具备水下焊接与切割相关资格，持证上岗。（2）焊接潜水员的潜水服、头盔/面罩、绝缘手套等必须具备良好的绝缘性能。	defg

风险识别			风险评价				控制措施	管控主体
危害描述	危害特征	事故类别	可能性	严重程度	矩阵评价	风险等级		
水下焊接切割作业，发生触电	物的因素	触电	2	5	10	较大	（3）有专人掌管、操作焊接回路中用于切断电源的专用刀式开关或接触器。 （4）焊条（割条）有良好的绝缘涂层，长时间浸泡水中绝缘涂层碎裂的禁止使用。 （5）焊接潜水员确认自己已准备好，通知水面人员，水面人员方可接通焊接电路	defg
潜水员被海生物袭击，咬伤、蜇伤	物的因素	其他事件	2	1	2	较小	（1）正确穿戴潜服、头盔等。 （2）遇大型动物及时停止潜水作业	fg
步骤3：潜水结束上浮								
未经减压或减压不符合减压要求就上浮，导致潜水人员患减压症	人的因素	职业病	1	3	3	较小	每次作业由潜水监督制定潜水减压计划表，并严格按照减压表进行减压	fg
上浮时脐带缠绕导致人员淹溺	物的因素	淹溺	2	3	6	一般	潜水员在潜水结束后沿原路返回，并携带应急气瓶及潜水刀，必要时割断脐带	efg
潜水结束上浮过程中照料人员没有将潜水脐带及时回收，导致潜水脐带绕挂在水下结构件处，延长了潜水员出水进舱的间隔时间	人的因素	职业病	2	3	6	一般	（1）潜水脐带及时跟随潜水员行踪进行收放。 （2）潜水员在潜水或上浮过程中应时刻注意脐带，避免钩挂水下构件	efg

3.1.5.4 经验反馈

（1）潜水脐带缠绕延长潜水员出水时间。

2013年5月，在某平台导管架海生物清理及检测项目潜水作业中，潜水员水下作业完毕出水进舱减压，由潜水吊笼将潜水员吊上至平台甲板。由于照料人员没有将潜水脐带及时的回收，导致潜水脐带绕挂在水下结构件处，延长了潜水员出水进舱的间隔时间，并导致潜水脐带在拉扯工程中造成一定的损坏。

（2）潜水作业中潜水员手指受伤事件。

2013 年，某油田预调研项目潜水作业中，2 名潜水员在某单点底部进行单点索接头拆卸工具安装、测试、录像、拍照等水下作业，工作完成后，在拆卸、回收吊索具过程中，由于涌浪影响，1 号潜水员为了平衡身体，将钢丝绳当作导向绳使用，船舶由于风浪上下起伏，导致钢丝绳也处于松弛和张紧运动状态，在潜水员手抓钢丝绳时，由于钢丝绳的运动导致手夹在钢丝与滑车之间，造成右手食指第二关节处撕裂，受伤潜水员由另一潜水员协助紧急出水。

3.1.6 风机并网调试

3.1.6.1 适用范围
适用于海上风电工程风机调试并网作业。

3.1.6.2 作业内容
海上风电风机调试并网主要包括：调试前准备、塔基段调试、机舱段调试、控制柜调试、风机并网调试。

3.1.6.3 安全风险识别与评价
风机并网调试安全风险识别与评价，见表 3-9。

表 3-9　　　　　　　　　　风机并网调试安全风险识别与评价

风险识别			风险评价				控制措施	管控主体
危害描述	危害特征	事故类别	可能性	严重程度	矩阵评价	风险等级		
步骤 1：调试前准备								
登风机基础平台过程中，海浪造成交通船与平台两者间起伏大，造成人员挤压坠海	环境因素	机械伤害、淹溺	3	5	15	重大	（1）人员攀爬风机上下需要佩戴安全带，安全带挂点挂在防坠器上。 （2）严禁携物攀爬，零散物品放置在双肩背包内。 （3）必须由船员确认登乘时机和位置（船舶靠近爬梯，上下起伏处于最高点迅速登上爬梯并向上攀爬），方可登乘	bcdefg

风险识别			风险评价				控制措施	管控主体
危害描述	危害特征	事故类别	可能性	严重程度	矩阵评价	风险等级		
步骤2：塔基段调试								
塔筒内作业形成垂直交叉作业，造成落物伤人	人的因素、管理因素	物体打击	3	2	6	一般	（1）做好人员安全培训交底。 （2）人员正确穿戴个人劳动保护用品（PPE），人员禁止持物攀爬，工器具放入工具包中。 （3）零散物件禁止临边存放	efg
人员在塔筒内或风机平台外高处作业，发生高处坠落	人的因素、管理因素	高处坠落	3	3	9	较大	（1）严格开展班前会，明确高处作业注意事项。 （2）正确穿戴PPE，安全带严禁脱钩（或安全滑块移除）。 （3）人员禁止持物攀爬，工器具放入工具包中，保持与爬梯三点接触	degf
塔筒内，因人员违章或操作失误使得升降梯失控，造成人员伤亡	人的因素、管理因素	机械伤害	2	3	6	一般	（1）升降梯操作人员须经授权培训，培训内容应当包含应急处置措施。 （2）升降机投用前应经验收合格。 （3）升降机内按要求正确使用安全带	efg
人员发生走错间隔，导致隔离失效，造成人员触电	人的因素、管理因素	触电	2	3	6	一般	（1）做好人员工前会交底，关注作业人员精神状态。 （2）作业过程使用三段式沟通与监护操作	efg
步骤3：机舱段调试								
人员在登塔、下塔、出舱作业时，发生高处坠落	人的因素、管理因素	高处坠落	3	3	9	较大	（1）严格开展班前会，明确高处作业注意事项。正确穿戴PPE，安全带严禁脱钩（或安全滑块移除）。人员禁止持物攀爬，工器具放入工具包中，保持与爬梯三点接触。	degf

风险识别			风险评价				控制措施	管控主体
危害描述	危害特征	事故类别	可能性	严重程度	矩阵评价	风险等级		
人员在登塔、下塔、出舱作业时，发生高处坠落	人的因素、管理因素	高处坠落	3	3	9	较大	（2）在无法使用助爬器登塔维护检修时，不得两人在同一段塔筒内同时登塔，在一人到达上一节休息平台时将双钩安全绳挂钩挂在挂靠点上,并将平台盖板关闭后，另一人方可继续攀爬。使用助爬器登塔、下塔时，必须要调节到适合自己体重的档位。使用助爬器登塔时，一人登至机舱后，发出准确信息，第二个人得到信息后，方可再次使用助爬器。 （3）登塔时，到达爬梯尽头后，必须将双钩安全绳悬挂在固定、牢靠位置后，再拆取助爬器挂钩和安全滑块。待到达平台，确定安全后，再取下双钩安全绳。 （4）用助爬器下塔时，必须先将双钩安全绳悬挂在固定、牢靠位置后，再安装安全滑块、助爬器挂钩。在下塔过程中务必使用安全滑块，双手依次紧握爬梯，双脚不得同时离开爬梯	degf
齿轮箱注油取油，未待油温下降至要求温度，发生油液灼烫	物的因素	灼烫	2	2	4	较小	（1）注油时，将风机刹车并尽量与旋转部分保持一定的距离。 （2）注油前，必须进行测温后，带温度正常后方可进行注油操作。 （3）接触齿轮油时须戴口罩，防止吸入热油蒸汽	fg
液压系统存在泄漏，导致调试过程中发生油液喷溅，造成人员烫伤及设备损坏	物的因素	灼烫	2	2	4	较小	（1）作业前，做好作业安全交底。 （2）至少由两人进行操作，在清洁或接触液压油时必须使用橡胶手套。	fg

风险识别			风险评价				控制措施	管控主体
危害描述	危害特征	事故类别	可能性	严重程度	矩阵评价	风险等级		
液压系统存在泄漏，导致调试过程中发生油液喷溅，造成人员烫伤及设备损坏	物的因素	灼烫	2	2	4	较小	（3）作业前，必须断开系统电源，必须将液压系统关闭，并防止被意外启动。 （4）在拆卸或维修液压系统的零件或添加液压油前，必须完全泄压，并通过压力表监视压力。 （5）在液压站上工作时，注意站在安全并牢固的地方，禁止踩踏油管；如怀疑液压管路有针孔性泄漏，不得用手来检测泄漏点，应使用一块纸板或木板沿着液压管路检测泄漏；拆装液压设备过程中不得将物料或工器具遗漏在液压回路内部；工作后必须严格检查各连接部位及管道有无渗漏，防止启动时液压油喷溅。 （6）工作后应按风机额定参数，调整液压系统各压力值。 （7）检修完毕液压系统恢复工作后一段时间，要观察有无漏油的情况发生，如发现液压系统有渗漏油情况发生时，切勿靠近或试图用手去堵，应立即停止系统工作	fg
调试过程中，风速过大导致轮毂异常自转，旋转部位对人员造成伤害	物的因素	机械伤害	2	3	6	一般	（1）风速超过规定值或雷雨天气严禁在轮毂内进行检修作业。 （2）进入轮毂前必须停机，且使叶轮处于锁定状态方可进行检修作业。 （3）锁定轮毂时必须两人协调配合，防止旋转部件的机械伤害。 （4）在轮毂进行机械部件维修时要确保安全的机械制动，并断开驱动装置的电源	efg

风险识别			风险评价				控制措施	管控主体
危害描述	危害特征	事故类别	可能性	严重程度	矩阵评价	风险等级		
步骤4/5：控制柜调试/风机并网调试								
调试过程因电路故障引发机舱、塔筒火灾造成人员伤亡及设备损毁	物的因素	火灾	2	3	6	一般	（1）班前会交底明确火灾风险，及电气火灾扑救要点。 （2）现场必须配备足够数量的消防设备。 （3）送电前，检查并确认电路状态完好，满足送电要求	efg

3.1.7　海上升压站带电作业

3.1.7.1　适用范围

适用于海上风电工程海上升压站首次带电作业。

3.1.7.2　作业流程

海上升压站首次带电作业主要包括以下步骤：带电前准备、陆上集控中心主变压器送电、主海缆充电、海上升压站主变压器送电、海上升压站开关柜送电。

3.1.7.3　安全风险识别与评价

海上升压站带电作业安全风险识别与评价，见表3-10。

表3-10　　　　　　　海上升压站带电作业安全风险识别与评价

风险识别			风险评价				控制措施	管控主体
危害描述	危害特征	事故类别	可能性	严重程度	矩阵评价	风险等级		
步骤1：带电前准备								
登升压站基础平台过程中，海浪造成交通船与平台两者间起伏大，造成人员挤压坠海	环境因素	机械伤害淹溺	3	5	15	重大	（1）人员攀爬风机上下需要佩戴安全带，安全带挂点挂在防坠器上。 （2）严禁携物攀爬，零散物品放置在双肩背包内。 （3）必须由船员确认登乘时机和位置（船舶靠近爬梯，上下起伏处于最高点迅速登上爬梯并向上攀爬），方可登乘	bcdefg

风险识别			风险评价				控制措施	管控主体
危害描述	危害特征	事故类别	可能性	严重程度	矩阵评价	风险等级		
海上升压站电气设备区域照明不足，导致操作人员滑跌、磕绊	环境因素	其他	2	2	4	较小	（1）做好人员安全培训交底，明确风险。 （2）人员正确穿戴PPE。 （3）作业前检查确认操作区域照明情况，如照明不足，及时补充临时照明	fg
带电准备阶段，操作人员因注意力不集中，导致走错间隔，发生隔离失效造成人员触电	人的因素、管理因素	触电	1	3	3	较小	（1）做好人员工前会交底，关注作业人员精神状态。 （2）作业过程使用三段式沟通与监护操作	fg
步骤2/3/4/5：逐级送电操作								
GIS设备在过电压（操作、谐振等类型）情况下因放电导致绝缘击穿，引发触电	物的因素、环境因素	触电	1	3	3	较小	（1）建立控制区，试验人员应远离送电范围内的高压设备，包括GIS、变压器、避雷器等部位，并设置安全隔离带，悬挂安全警示牌。 （2）保证带电设备周围的照明，人员在夜间能明确辨识。 （3）出现放电或设备异常时，应由专业电气操作人员及时断开送电断路器，待问题处理完毕后，再确定是否继续送电。 （4）保证通信畅通，在重要区域张贴应急电话通讯录，保证在事故时及时沟通	fg
标识或辨识错误导致走错间隔引发误操作，导致系统和设备发生电气故障或停运	人的因素、管理因素	触电	2	4	8	一般	（1）做好操作人员工前会交底，明确作业内容。 （2）操作前，确认操作设备的标识正确。 （3）作业过程使用三段式沟通与监护操作	egf

风险识别			风险评价				控制措施	管控主体
危害描述	危害特征	事故类别	可能性	严重程度	矩阵评价	风险等级		
因变压器及周边设备的质量缺陷、部分接线接触不良导致过热等原因引发火灾	物的因素、管理因素	火灾	2	4	8	一般	（1）主变压器送电前，清理设备区域内可燃物，确认设备接线牢固，消防系统处于可用状态。（2）设置控制区，并在控制区外设专人全程监护设备状态。（3）海上升压站送电期间配置专用拖轮值守	efg
带接地开关合闸、带负荷分合隔离开关、带电合接地开关，引发火灾或者爆炸，导致设备损害或人员伤害	人的因素、管理因素	触电	2	4	8	一般	（1）操作前，试验操作人员应核对接地开关的状态、连锁位置，就地检查确认。（2）检查主变压器及GIS控制柜的临时接地线，临时拆接线应有记录可查，在操作票中，列出重点检查位置。（3）试验操作人员检查进线侧接地开关、盘柜的状态。（4）现场严禁使用备用的连锁钥匙	efg
接线松动、或人员误解接线导致电流互感器二次开路形成过电压造成设备击穿及人员伤害	人的因素、物的因素	触电	2	4	8	一般	（1）操作前，试验操作人员核对确认电流互感器接线情况，确保电流互感器不开路。（2）操作过程中设置控制区，作业无关人员严禁靠近设备	efg
电压互感器二次接线间距不足、接线错误或人员误碰，导致电压互感器二次短路，接线过热造成火灾风险或设备损坏	人的因素、物的因素	火灾	2	4	8	一般	（1）操作前，试验操作人员核对确认电压互感器接线情况，确保电压互感器不短路。（2）操作过程中设置控制区，作业无关人员严禁靠近设备	efg

风险识别			风险评价				控制措施	管控主体
危害描述	危害特征	事故类别	可能性	严重程度	矩阵评价	风险等级		
无关人员误入带电区域，或擅自在雷雨天气在避雷针/器附近作业，导致人员触电	人的因素、管理因素	触电	1	4	4	较小	（1）进入高压设备区，必须配备防护用品。 （2）禁止越过设备围栏及移动各种警示标识，以防发生意外危险。 （3）严禁触碰带电设备外壳及攀爬主变压器等高压设备。 （4）雷雨天严禁靠近避雷器、避雷针。 （5）所有安全防护用具及工器具应合格，在有效期内	fg

3.1.7.4 经验反馈

2017 年 7 月 14 日，某海上风电场海上升压站一层平台 35kV 电缆发生爆燃事故。19 名工人跳海求生，导致 4 人受伤，1 人下落不明。

3.1.8 消缺作业

3.1.8.1 适用范围

适用于海上风电风机、升压站、海缆施工完成后缺陷项处理作业。

3.1.8.2 作业内容

海上消缺作业主要包括如下风险类别：动火作业类、登高作业类、停电作业类、带电作业类、吊装作业类、孔洞临边作业类、设备检修作业类、受限空间作业类。

3.1.8.3 安全风险识别与评价

消缺作业安全风险识别与评价，见表 3-11。

表 3-11　　　　　　　　　消缺作业安全风险识别与评价

风险识别			风险评价				控制措施	管控主体
危害描述	危害特征	事故类别	可能性	严重程度	矩阵评价	风险等级		
步骤 1：先决条件检查确认								

风险识别			风险评价				控制措施	管控主体
危害描述	危害特征	事故类别	可能性	严重程度	矩阵评价	风险等级		
船机证书、作业人员资质证书、身体状况、工器具等不符合要求，入场后有人员能力不足或者船机存在问题	人的因素、物的因素、环境因素	机械伤害、淹溺	4	3	12	较大	（1）做好人员、船机入场检查控制，包括：人员、船机资质报审表、个人身体状况承诺书、保险凭证、体检报告、人员进场承诺书、登高资质证书。 （2）作业前完成安全技术交底。 （3）作业过程中作业负责人现场全程监督	defg
步骤2：出海消缺作业								
作业人员攀爬爬梯到基础平台过程未站稳抓牢、系挂双钩安全带或相互配合不当，存在人员失稳、坠落风险	人的因素、物的因素、环境因素	高处坠落、物体打击、淹溺	4	3	12	较大	（1）作业前召开班前会，落实三交三查制度；核查人员是否佩戴好安全帽、双钩安全带、手套、救生衣、劳保服。 （2）在攀爬之前，必须正确穿戴劳动保护用品，穿着防滑劳保鞋、戴防滑手套；攀爬中禁止持物攀爬，工器具放入工具包中，保持与爬梯三点接触。 （3）如遇突发大风、船舶停靠不稳时，应停止攀爬，人员撤离至安全区域	defg
风机未停电或超范围作业存在触电风险	人的因素、物的因素、环境因素	触电、机械伤害	4	3	12	较大	（1）带电区域作业必须开具作业票。 （2）作业前完成安全技术交底。 （3）作业负责人作业前确认停电。 （4）消缺最小单元作业至少2人。 （5）作业过程中作业负责人现场全程监督	defg

风险识别			风险评价				控制措施	管控主体
危害描述	危害特征	事故类别	可能性	严重程度	矩阵评价	风险等级		
作业人员从靠船件平台爬下到船甲板和搬运工器具过程中未站稳抓牢、未系挂双钩安全带或相互配合不当，存在人员失稳、坠落风险	人的因素、物的因素、环境因素	高处坠落、物体打击、淹溺	4	3	12	较大	（1）船头 2 名作业人员配合平台作业人员将工器具、物料用绳索吊运到甲板上。 （2）作业人员从平台下船时，应听船长指挥，须有 1 名船员在船头协助接应直至安全回到船上。 （3）如遇突发大风、船舶停靠不稳时，应停止下船，人员撤离至安全区域	defg

3.2 船　机　类

3.2.1　交通船

3.2.1.1　适用范围

交通船是海上风电项目施工作业人员往返现场的主要交通工具，一般为 500 总吨以下的单体或双体船，是每个海上风电项目必备的船型。

3.2.1.2　作业流程图

交通船作业流程图，见图 3-13。

船舶进场 → 人员登船 → 海上航行 → 海上登乘 → 人员下船 → 船舶退场

图 3-13　交通船作业流程图

3.2.1.3　安全风险识别与评价

交通船作业安全风险识别与评价，见表 3-12。

表 3-12   交通船作业安全风险识别与评价

风险识别			风险评价				控制措施	管控主体
危害描述	危害特征	事故类别	可能性	严重程度	矩阵评价	风险等级		
步骤1：先决条件确认								
船员资格证书、船机检验资料等不符合要求，船机入场后有人员能力不足或者船机存在问题等，现场作业存在安全隐患	管理因素	其他伤害	4	1	4	较小	按照《船舶安全控制细则》核验船机资料	fg
船机有质量缺陷，现场作业时存在自沉风险	物的因素	自沉事故	3	4	12	较大	（1）严禁改变原有设计功能的交通船入场（一票否决项）。（2）执行第三方专业检查，并出具第三方审核报告。（3）发包人、监理人、承包人、船方执行四方联合检查，并对第三方审核发现问题进行核验，整改合格后方可入场	defg
步骤2：人员上下船								
缆绳使用不当或者人员站位于危险区域，存在缆绳伤人风险	环境因素	物体打击	3	3	9	较大	（1）开展安全教育培训，培训内容应包括缆绳使用及风险告知等。（2）登船人员进入甲板应正确有效佩戴安全帽、防砸鞋等劳防用品。（3）定期检查缆绳损坏情况，密切关注缆绳受力情况等，现场作业时做好施工区域管控，无关人员严禁进入作业区域	defg
因甲板地面湿滑、防护栏杆失效等隐患，存在滑跌落水淹溺风险	人的因素	淹溺	3	3	9	较大	（1）对登船人员开展风险告知。	defg

风险识别			风险评价				控制措施	管控主体
危害描述	危害特征	事故类别	可能性	严重程度	矩阵评价	风险等级		
因甲板地面湿滑、防护栏杆失效等隐患，存在滑跌落水淹溺风险	人的因素	淹溺	3	3	9	较大	（2）严格遵守乘坐交通船制度，正确有效佩戴泡沫式救生衣等劳动保护用品，加强人员落水应急演练。 （3）定期检查和维护船机，对存在的安全隐患及时整改	defg
因船机未停靠稳妥、人员状态差等隐患，存在人员磕绊、挤压等其他伤害风险	人的因素	其他事件	3	3	9	较大	（1）无论何时，船间登乘、乘坐吊笼、攀爬风机、攀爬升压站，必须由船员进行引导、辅助。严禁无人辅助登乘（红线）。 （2）船停稳后，在船员指引下有序登岸/船。 （3）严禁携带重物跨越，重物应通过人员传递上岸	defg
步骤3：海上航行								
因存在风、浪、流速等恶劣天气、船员个人能力不足、不熟悉航行海域等安全隐患，有航行船舶碰撞、操作/避让行为过失等风险	人的因素、物的因素、环境因素	碰撞事故、触碰事故、自沉事故	2	5	10	较大	（1）出航前核实风、浪、流速满足行驶条件。 （2）出航前船员掌握航行海况及施工作业面环境情况。 （3）航行时严格控制航速。 （4）船员做好行为控制，对可能存在船舶碰撞风险时，提前减速和避让。 （5）有机械设备突发事故现场应急处置方案和船舶遇险现场应急处置方案，并定期演练；出航前核实人数，禁止船舶超员	defg
步骤4：海上登乘								
船间登乘存在人员坠海风险	人的因素	淹溺	3	3	9	较大	（1）人员身体状态或者心理状态不佳，可以提出不宜换乘。	defg

风险识别			风险评价				控制措施	管控主体
危害描述	危害特征	事故类别	可能性	严重程度	矩阵评价	风险等级		
船间登乘存在人员坠海风险	人的因素	淹溺	3	3	9	较大	（2）船间登乘，两侧船舶均需要船员进行引导、辅助上船。 （3）严禁携带重物跨越，重物应当通过人员传递上岸。 （4）必须由船员确认登乘时机和位置，方可跨越	defg
登乘风机平台、海上升压站平台存在人员坠海风险	人的因素	其他事件	3	3	9	较大	（1）人员攀爬风机上下需要佩戴安全带，安全带挂点挂在防坠器上。 （2）严禁携物攀爬，零散物品放置在双肩背包内。 （3）必须由船员确认登乘时机和位置（船舶靠近爬梯，上下起伏处于最高点迅速登上爬梯并向上攀爬），方可登乘	defg
步骤5：船舶退场								
船机已退场，未报送退场资料，存在船舶退场至其他项目作业，但本项目仍存在管理责任的风险	管理因素	其他事件	2	2	4	较小	（1）做好船机进退场台账，定期对台账内船舶进行抽查。 （2）对已退场船舶，及时跟进内部退场的申报	fg

3.2.1.4 经验反馈

船员饮酒坠海事件：

2022 年，广州某运输公司轮船长在锚泊期间值班，中午梁某某喝了 100mL 左右白兰地酒。喝酒三小时左右后，梁某某去生活区上卫生间返回途中，在船左舷主甲板行走至船中位置附近时，不慎落水失踪。

经验教训：

禁止出海人员携带酒类饮品上船。

对登船人员进行酒精检测，禁止饮酒或宿醉人员登乘出海。

3.2.2　锚艇

3.2.2.1　适用范围

锚艇是海上风电项目的辅助施工船舶，专门在海上辅助主力施工船舶进行抛锚、起锚作业，是海上风电项目重要的辅助船型。

3.2.2.2　作业流程图

锚艇船在项目施工现场涉及的作业流程见图 3-14。

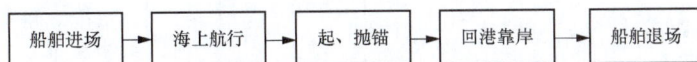

船舶进场 → 海上航行 → 起、抛锚 → 回港靠岸 → 船舶退场

图 3-14　锚艇船在项目施工现场涉及的作业流程图

3.2.2.3　安全风险识别与评价

锚艇作业安全风险识别与评价，见表 3-13。

表 3-13　　　　　　　　　　　锚艇作业安全风险识别与评价

风险识别			风险评价				控制措施	管控主体
危害描述	危害特征	事故类别	可能性	严重程度	矩阵评价	风险等级		
步骤1：先决条件确认								
船舶不符合管理要求，存在质量缺陷入场施工	管理因素	其他伤害	4	1	4	较小	按照《船舶安全管控细则》对船舶资料进行审核，不符合要求不允许入场	fg
	物的因素	自沉事故	3	4	12	较大	（1）由第三方专业机构对船舶实施专业审核，并出具第三方审核报告。（2）发包人、监理人、承包人、船方落实四方联合检查，并对第三方专业审核发现问题进行验证，所有问题整改完毕后方可入场	defg
步骤2：航行过程								
受涌浪影响，发生人员滑倒落水	环境因素	淹溺	2	3	6	一般	（1）锚机操作人员听从现场指挥人员的指挥。	efg

风险识别			风险评价				控制措施	管控主体
危害描述	危害特征	事故类别	可能性	严重程度	矩阵评价	风险等级		
受涌浪影响，发生人员滑倒落水	环境因素	淹溺	2	3	6	一般	（2）作业人员穿防滑安全鞋，船用救生衣	efg
步骤3：起、抛锚								
人员与锚缆距离过近，锚缆打击伤人	人的因素	物体打击	4	2	8	一般	带缆、解缆时无关人员不得靠近；作业人员远离受力的索具	efg
抛锚人员操作不当，缆机将人员手卷入挤伤	人的因素	机械伤害	2	3	6	一般	（1）按操作规程要求进行带缆、解缆。（2）作业人员远离运行的锚机的转动部位	efg
锚机或起锚索具损坏伤人	物的因素	机械伤害	2	3	6	一般	作业前检查锚机和起锚索具	efg
步骤4：人员下船								
因船机未停靠稳妥、人员状态差等隐患，存在人员磕绊、挤压等其他伤害风险	人的因素	其他事件	3	3	9	较大	（1）无论何时，船间登乘、乘坐吊笼、攀爬风机、攀爬升压站，必须由船员进行引导、辅助。严禁无人辅助登乘！（红线）（2）船停稳后，在船员指引下有序登岸。（3）严禁携带重物跨越，重物应当通过人员传递上岸	efg
步骤5：船舶退场								
船机已退场，未报送退场资料，存在船舶退场至其他项目作业，但本项目仍存在管理责任的风险	管理因素	其他事件	2	2	4	较小	（1）做好船机进退场台账，定期对台账内船舶进行抽查。（2）对已退场船舶，及时跟进内部退场的申报	fg

3.2.2.4 经验反馈

船员被缆绳挤压受伤事件：

2023 年，某船舶在起抛锚作业过程中由于锚缆突然下滑，左带缆绞车缆绳突然受力（见图 3-15），大副陈某被缆绳推挤至左航行锚孔护栏的转角处，造成右腿小腿处骨折的安全事故。

经验教训：

起、抛锚作业前须对锚机进行检查，确保锚机本体安全。

起、抛锚作业时无关人员不得靠近。

起、抛锚作业时作业人员远离受力的锚链、缆绳。

图 3-15 缆绳挤压

3.2.3 拖轮

3.2.3.1 安全风险识别与评价

拖轮作业安全风险识别与评价，见表 3-14。

表 3-14 拖轮作业安全风险识别与评价

风险识别			风险评价				控制措施	管控主体
危害描述	危害特征	事故类别	可能性	严重程度	矩阵评价	风险等级		
步骤1：先决条件检查确认								
未制定合理的拖航方案，缺少对航线、水下条件的分析及应对措施，存在船舶沉没或搁浅风险	管理因素	海上交通事故	3	3	9	较大	收到拖航计划后，要求拖带方提供安全可行的拖带计划并进行审核	defg
设备未固定，船舶晃动导致设备倾倒造成设备损坏	物的因素	其他事件	3	3	9	较大	开航前组织船员对易动物件进行检查绑扎	defg
油水伙食储备不足造成船舶停航，存在交通安全隐患并引起人员恐慌	管理因素	其他事件	2	3	6	一般	根据航行时间并结合天气情况在开航前适当补充油、水和伙食，并根据拖航路线，提前采购电子海图及纸质版海图	efg

风险识别			风险评价				控制措施	管控主体
危害描述	危害特征	事故类别	可能性	严重程度	矩阵评价	风险等级		
未对拖曳设备进行检查，存在拖航安全风险	物的因素	海上交通事故	3	3	9	较大	拖航前组织对龙须缆、三角眼板等拖曳设备进行检查	defg
未办理适拖证，违规航行易造成交通事故影响船舶及人员安全	管理因素	海上交通事故	3	3	9	较大	（1）拖航前需出版拖航方案，对拖航过程中可能出现的紧急情况制定相应的应急措施，必要时需组织对拖航方案进行评审。（2）根据法律法规要求，在开航前办理适拖证书	defg
消防救生、无线电及信号等设备存在缺陷，应对突发情况准备不足	物的因素	海上交通事故	2	4	8	较大	拖航前，应检查消防救生、无线电及信号等设备，并组织一次救生演练	defg
未办理拖航保险（或无其他保险覆盖），公司资产及人员生命无法得到保障	管理因素	海上交通事故	3	3	9	较大	为有效保护船舶和生命财产，开航前办妥拖航保险（或确保有其他保险覆盖）	defg
步骤2：带缆								
船舶起伏过大造成缆绳突然崩断伤及贴近人员	物的因素	物体打击	4	4	16	重大	（1）作业前，督导作业人员穿戴好劳动保护用品。（2）作业前，仔细检查引缆状态，必要时更换引缆	bcdefg
引缆强度不足造成船舶突然位移发生人员落水或伤害	物的因素	人身伤亡	3	4	12	较大	作业前，仔细检查引缆状态，必要时更换引缆	defg
夜间作业照明不足导致人员跌倒或落水	环境因素	淹溺	2	4	8	一般	（1）根据作业现场情况，提供足够的现场照明。（2）条件允许时，安排在白天进行带缆接拖	efg
步骤3：拖带								
恶劣天气拖航，造成交通事故损坏船舶	环境因素	海上交通事故	3	3	9	较大	拖航前和拖航过程中，及时接收天气预报、海上航行安全信息等资料	defg

风险识别			风险评价				控制措施	管控主体
危害描述	危害特征	事故类别	可能性	严重程度	矩阵评价	风险等级		
拖航期间，未保持认真瞭望，缺失对其他船舶、渔网等的关注造成碰撞	人的因素	海上交通事故	3	3	9	较大	拖航过程中，合理安排人员值班，督导值班人员认真瞭望，不做与航行无关的事，并随时与拖轮进行沟通联系	defg
拖航期间，拖缆突然崩断导致船舶剧烈晃动影响安全	物的因素	海上交通事故	3	3	9	较大	拖航过程中，每班进行拖缆巡视检查，以便及时发现异常情况	defg
没有准备中途港停泊预案，以应对可能遭遇到的突发情况	管理因素	海上交通事故	3	3	9	较大	根据航程远近特点，合理选择中途停泊港及避风锚地，以应对拖航途中可能出现的突发事件	defg
步骤4：解缆								
解缆时机选择错误，缆绳突然脱离击伤人员	物的因素	物体打击	3	3	9	较大	抵达目的地后，根据潮流、海况等环境要素，选择合适的解拖时间	defg
解缆时动力定位（DP）故障或拖轮故障引起船舶碰撞	物的因素	海上交通事故	3	3	9	较大	解缆作业时，另外至少提供一艘辅助拖轮在现场进行守护待命	defg

3.2.4 船用起重机

3.2.4.1 安全风险识别与评价

船用起重机作业安全风险识别与评价，见表3-15。

表3-15　　　　　　　　　船用起重机作业安全风险识别与评价

风险识别			风险评价				控制措施	管控主体
危害描述	危害特征	事故类别	可能性	严重程度	矩阵评价	风险等级		
步骤1：先决条件检查确认								
船用起重机资料不符合要求，或存在质量缺陷入场	人的因素、管理因素	其他伤害	3	5	15	重大	（1）执行《机械设备与施工工器具管控细则》，严格落实资料审核、现场状态审核、第三方专业审核，审核通过后方可入场。	

续表

风险识别			风险评价				控制措施	管控主体
危害描述	危害特征	事故类别	可能性	严重程度	矩阵评价	风险等级		
船用起重机资料不符合要求，或存在质量缺陷入场	人的因素、管理因素	其他伤害	3	5	15	重大	（2）船用起重机变幅和主钩钢丝绳要执行六个月无损检验，否则禁止入场。 （3）检查、维护、保养人员名单要进行公示	
步骤2：操作过程								
设备存在缺陷，吊物脱落造成人员伤害、设备损坏	物的因素	起重伤害	3	4	12	较大	（1）严格按照施工方案和操作手册的要求进行起重作业。 （2）建立起重作业控制区，监护人员全程监护并提醒。 （3）按照《船用起重机隐患排查标准》验证船方检查、维护、保养的落实情况	defg
起重机司机与起重指挥沟通不畅，存在设备碰撞和人员伤亡风险	人的因素	起重伤害	3	3	9	较大	（1）吊装作业前安排指挥与吊机手对好指令并模拟操作，对讲机频道单列，隔离其余频道。 （2）起重机司机未听清起重指挥指令时，不允许操作起重机，应核实确认	defg
大雨天、雾天、大雪天及六级以上大风天等恶劣天气吊装作业，存在设备碰撞、起重事故的风险	环境因素	起重伤害	3	3	9	较大	（1）现场作业前，核实作业期间的天气情况，作业过程严格管控。 （2）作业前应检查风速仪等监控设备	defg
夜间施工无足够的照明，存在设备碰撞和人员伤亡风险	环境因素	起重伤害	3	3	9	较大	（1）入场严格检查，确保照明物资满足使用要求。 （2）现场作业时，对主起重船、运输船及机位等不满足照明要求的及时喊停，待满足要求后方可继续作业	defg

风险识别			风险评价				控制措施	管控主体
危害描述	危害特征	事故类别	可能性	严重程度	矩阵评价	风险等级		
步骤3：起重机大臂和钩头归位								
操作错误，导致无法归位或造成其他损坏	设备	起重伤害	1	3	3	较小	严格按照操作手册的要求落位，钩箱位置由起重指挥观察并反馈信号	fg

3.2.5 履带式起重机

3.2.5.1 适用范围

主要适用于海上风电工程设备的辅助吊装；陆上集控中心大部件设备的吊装作业。

3.2.5.2 作业流程图

履带式起重机作业流程图，见图3-16。

图 3-16 履带式起重机作业流程图

3.2.5.3 安全风险识别与评价

履带式起重机作业安全风险识别与评价，见表 3-16。

表 3-16　　　　　　　　履带式起重机作业安全风险识别与评价

风险识别			风险评价				控制措施	管控主体
危害描述	危害特征	事故类别	可能性	严重程度	矩阵评价	风险等级		
步骤1：先决条件检查确认								
人员不具备起重作业操作技能，存在起重伤害风险	人的因素	起重伤害	2	4	8	一般	（1）检查并核实起重作业人员证件真伪。 （2）选择具有海上风电吊装经验的起重司机。 （3）落实起重作业人员培训、考核、授权制度	efg
履带式起重机存在安全质量缺陷未处理	物的因素	起重伤害	3	4	12	较大	（1）执行《机械设备与施工工器具管理制度》，严格实施资料审核和现场状态审核，严禁不符合要求的履带式起重机入场。 （2）督促承包人组织检查、维护、保养人员对使用说明书进行学习，同时按照要求开展检查、维护、保养。 （3）核查检查、维护、保养人员是否配备到位。 （4）要求施工单位将检查、维护、保养人员名单公示在起重设备上	defg
钢丝绳、卸扣等吊索具存在缺陷，使用过程中发生断裂	物的因素	起重伤害	3	4	12	较大	（1）每次吊装作业前对所使用的吊索具进行检查。 （2）对吊索具破断拉力进行验算，确保安全系数满足要求。 （3）吊索具每季度开展第三方检查并挂牌	defg
恶劣天气导致起重伤害或吊物损坏	环境因素	起重伤害	2	4	8	一般	严格执行起重吊装操作规程，恶劣天气严禁作业	efg

风险识别			风险评价				控制措施	管控主体
危害描述	危害特征	事故类别	可能性	严重程度	矩阵评价	风险等级		
步骤2：操作过程								
履带吊就位风险： （1）履带吊行走过程中与周边设备、人员发生剐蹭。 （2）作业场所地基承载力不足，距坑、坡的安全距离不足，导致履带吊倾覆的风险	环境因素	起重伤害	2	4	8	一般	（1）履带吊行径路线设置控制区，与人员、设备保持安全距离，行走过程中安排专人监护。 （2）作业前进行场地勘察，对地基承载力进行验算	efg
设备挂钩及试吊风险： 吊物捆绑、紧固、吊挂不牢，吊挂不平衡，索具打结，索具不齐，斜拉重物，棱角吊物与钢丝绳之间无衬垫等情况，存在导致吊物坠落的风险	人的因素	起重伤害	2	3	6	一般	（1）重物捆绑、紧固、吊挂不牢，吊挂不平衡而可能滑动，或斜拉重物，棱角吊物与钢丝绳之间没有衬垫时不得进行起吊。 （2）恶劣天气严禁作业，采用溜绳控制钩头摆动幅度。 （3）正式起吊前应进行试吊，试吊中检查全部机具，发现问题应将设备放回地面，排除故障后重新试吊，确认一切正常，方可正式吊装	efg
设备转移及就位风险： （1）设备转移过程中与周边障碍物发生碰撞。 （2）起重指挥与起重司机配合不当，未执行指挥信号或未经确认执行错误指令，存在导致多种起重事故的风险。	环境因素、人的因素、物的因素、管理因素	起重伤害	3	4	12	较大	（1）吊装前清理吊装路线上的障碍物，设备转移过程中全程进行监护。 （2）起重司机与起重指挥统一对讲机频道；吊机司机室配高音喇叭，遇异常情况可直接用高音喇叭提醒；起重司机接受指令后应复述指令或鸣铃确认示警；组织起重指挥与起重司机的双向沟通交流，起重司机向指挥人员介绍吊机特性和载荷能力等。	defg

风险识别			风险评价				控制措施	管控主体
危害描述	危害特征	事故类别	可能性	严重程度	矩阵评价	风险等级		
（3）吊装过程中吊物及起重臂移动区域下方有人员经过或停留、吊物上有人，存在吊物坠落、物体打击并造成人员伤亡的风险。 （4）作业过程中起重机安全装置突然失灵，存在吊物坠落、物体打击风险。 （5）设备就位后未进行固定即摘钩，存在设备倾翻风险。	环境因素、人的因素、物的因素、管理因素	起重伤害	3	4	12	较大	（3）当起重臂吊钩或吊物下面有人，吊物上有人或浮置物时，不得进行起重操作。 （4）进场前，起重机械应经具备相应资质的第三方进行检测；督促施工单位制定起重机械定期检查维护保养计划，对关键安全装置进行试运行检查；定期组织专业人员对吊机安全性能进行体检把关；加强起重司机安全技能培训；制动器的动作至少每个月组织检查一次，出现偏磨超范围现象，应进行拆换；作业前检查防脱钩装置有效；每月组织起重机械专项安全检查，按标准对吊钩、钢丝绳、制动机构进行目测检查，各限位安全设施正常。 （5）设备就位后应当立即采取固定措施，经检查确认后方可摘钩	defg
履带吊归位风险：趴臂过程重心前移造成起重机倾翻	人的因素	起重伤害	2	3	6	一般	为防止趴杆时主机车体后翘或前方压低造成的倾翻事故，向前方趴杆时需在履带前端放置锲块，使履带与地面之间有一角度，若没有配备专用锲块，则用枕木代替也可。向侧方趴杆时，需安装侧扳起支腿，侧扳起支腿油缸底部需铺垫钢板，增大着力点的接触面	efg

3.2.6 　高空作业车

3.2.6.1 　适用范围

主要适用于海上风电工程大部件吊装工装螺栓拆除、吊具安装；陆上集控中心建构筑物外立面幕墙局部安装与检修，个别设备、装置安装、调试等。

3.2.6.2 安全风险识别与评价

高空作业车作业安全风险识别与评价，见表 3-17。

表 3-17　高空作业车作业安全风险识别与评价

风险识别			风险评价				控制措施	管控主体
危害描述	危害特征	事故类别	可能性	严重程度	矩阵评价	风险等级		
步骤 1：先决条件检查								
作业车无租赁协议（合同）、出厂合格证明、使用说明书；无年度检验报告或年度检验不合格，可能存在作业车质量问题引发安全风险	管理因素	其他事件	4	1	4	较小	作业车入场前，对作业车租赁协议、合格证、使用说明书、年检报告等文件报审并查验，不齐全有效不予进场	fg
操作人员无操作资格证，可能存在技能不足操作作业车引发安全风险	管理因素	其他事件	4	2	8	一般	（1）机动车类登高车入场前，查验司机机动车辆驾驶证，合格方可入场。 （2）由登高车设备厂家技术人员对现场操作人员开展高处作业设备培训，考核合格，颁发操作资格证。 （3）未取得操作证的人员严禁使用登高车	efg
作业车未明确检查、维护和保养责任人和频次，存在作业车未按使用说明书维护保养，导致出现安全隐患	管理因素	其他事件	4	1	4	较小	（1）入场严格检查作业车检查、维保责任人，和检查频次、项目是否明确，并公示。 （2）抽查作业车机入场前 3 个月内的维护保养记录资料。 （3）对作业车各个部位进行检查，包括车辆本身以及升降装置的液压、气动、电动、电气系统、操作系统、紧急控制系统，及轮胎、电池、照明、喇叭、警报器等装置进行检查。检查不合格不能进行作业	fg

风险识别			风险评价				控制措施	管控主体
危害描述	危害特征	事故类别	可能性	严重程度	矩阵评价	风险等级		
以往的检查维护保养记录不完整，可能存在遗留的质量缺陷、安全隐患未消除	管理因素	其他事件	4	1	4	较小	严格审核资料，入场检查资料记录需要整改的措施落实情况	fg
步骤2：作业车行走、升降、回转								
行走或升降过程中未避让电力电缆、电气设备或未与其保持安全距离，存在触电风险	人的因素	触电	3	3	9	较大	作业前规划好作业区域和行走路线，避开电力电缆、电气设备。事先测量保证在任何情况下作业车及其平台最外缘与外电架空线路距离不得小于：10kV 以下 2m，220kV 以下 6m，550kV 以下 8.5m	defg
未与周围设备、物料、建构筑物、车辆等保持安全距离，在起升、下降、回转和行走过程中存在发生碰撞、人员挤伤风险	人的因素	高处坠落、其他事件	3	2	6	一般	（1）作业前，确认作业区域上方无其他物体，如设备、管道、桥架、建构筑物等，确认四周无有往来车辆、行人、机械设备等影响作业。（2）操作人员集中注意力，注意平台移动方向，规范操作；平台内人员身体所有部位保持在平台内。（3）专人监护，及时告警	efg
起升超过平台的最大作业高度可能发生倾覆	人的因素	其他事件	3	2	6	一般	作业前确认作业点高度、载重量（人、工具、物料）选择应在作业车最大作业高度及对应允许载荷范围内，否则不得安排作业	efg
在起升、下降、回转过程中行走，存在倾覆风险	人的因素	其他事件	3	2	6	一般	（1）对操作人员交底，书面告知不得操纵作业车在起升、下降、回转过程中行走。（2）专人监护，及时告警	efg

风险识别			风险评价				控制措施	管控主体
危害描述	危害特征	事故类别	可能性	严重程度	矩阵评价	风险等级		
作业区域地面下陷、坑洼、斜坡，存在倾覆风险	环境因素	其他事件	3	2	6	一般	作业前应确认作业区域及行走路面应坚实平整、水平，不得有地坑、凸起、斜坡等，且保证作业过程中地面不下陷。作业过程中当地面较松软，不足以支撑支腿时，必须在支脚下加支撑垫板（钢板、厚木板），以增大支撑面积，减小对地面的压强，也可设置外伸支架；任一个支腿不应离地。不满足上述条件时不安排作业	efg
步骤3：人员、工具和物料进入工作平台								
工作平台上作业人员、工具和物料总重量超过平台额定载荷，载荷分布不均匀，未妥善关闭作业平台入口栏杆等情况，存在导致作业车倾倒、坠物风险	人的因素	物体打击、其他事件	3	3	9	较大	（1）按照作业车使用说明书载物、载荷要求规范使用，不得超标载物、载人。 （2）零散工具应放在工具包内，零散物料应装袋固定	defg
步骤4：在工作平台上作业								
在大雨、浓雾、大雪以及六级及以上大风等恶劣天气条件下作业，存在作业车倾覆风险	环境因素	高处坠落、其他事件	3	2	6	一般	（1）所有轮胎完好无损，充气轮胎已充注到正确压力。 （2）现场作业前，核实作业期间天气情况，在大雨、浓雾、大雪以及六级及以上大风等恶劣天气不安排作业；作业过程严格管控	efg
在工作平台下及伸展机构旋转范围内有人员作业或通行，存在高处坠物打击、撞伤风险	人的因素	物体打击	3	2	6	一般	（1）班前会交底强调在高空作业车工作平台下及伸展机构旋转范围内严禁站人、通行和作业。 （2）作业前设置作业控制区，专人监护，及时告警，禁止无关人员进入	efg

风险识别			风险评价				控制措施	管控主体
危害描述	危害特征	事故类别	可能性	严重程度	矩阵评价	风险等级		
在工作平台上作业人员未正确使用安全带，在平台的防护栏杆上攀爬、跨坐、站立或倚靠，使用木板、梯子等物料延长平台工作范围等行为，存在高处坠落风险	人的因素	高处坠落	3	3	9	较大	（1）全程使用五点安全带。（2）严禁在平台防护栏杆上攀爬、跨坐、站立或倚靠，使用木板、梯子等物料延长平台工作范围等违章行为。（3）专人监护，及时告警；安全员重点巡查，制止违章	defg

3.2.7　叉车

3.2.7.1　适用范围

主要适用于海上风电工程大部件吊装吊索具组装、吊座和吊带等材料整理；陆上集控中心现场建筑原材料、半成品、构配件等物料运输。

3.2.7.2　安全风险识别与评价

叉车作业安全风险识别与评价，见表 3-18。

表 3-18　　　　　　　　叉车作业安全风险识别与评价

风险识别			风险评价				控制措施	管控主体
危害描述	危害特征	事故类别	可能性	严重程度	矩阵评价	风险等级		
步骤 1：先决条件确认								
叉车无租赁/采购协议（合同）、出厂检验报告、产品合格证、使用维护说明书；无在有效期内的《场（厂）内机动车辆定期（首次）检验报告》或检验报告结论为不合格，可能存在叉车质量问题引发安全风险	管理因素	车辆伤害	4	1	4	较小	叉车入场前，对作业车租赁/采购协议（合同）、出厂检验报告、产品合格证、使用维护说明书、定期（首次）检验报告等文件报审并查验，不齐全有效不予进场	fg

风险识别			风险评价				控制措施	管控主体
危害描述	危害特征	事故类别	可能性	严重程度	矩阵评价	风险等级		
操作人员无《特种设备安全管理和作业人员证》，可能存在技能不足操作叉车引发安全风险	管理因素	车辆伤害	4	2	8	一般	（1）叉车入场前，查验操作人员的《特种设备安全管理和作业人员证》。 （2）未取得操作资格证的人员严禁操作叉车	efg
叉车未明确检查、维护保养责任人和频次，存在叉车未按使用维护说明书维护保养，导致出现安全隐患	管理因素	车辆伤害、火灾	4	1	4	较小	（1）入场严格检查叉车检查、维护保养责任人，检查频次、项目是否明确，并公示。 （2）抽查叉车入场前3个月内的维护保养和定期自行检查记录资料应齐全有效	fg
以往的检查维护保养记录不完整，可能存在遗留的质量缺陷、安全隐患未消除	管理因素	车辆伤害、火灾	4	1	4	较小	（1）严格审核资料，入场检查资料记录需要整改的措施落实情况，5年内维护保养和定期检查（月度、年度）缺失的叉车不得入场。 （2）核查叉车的安全技术档案应完整，档案中记录的维护保养和检查中发现的异常情况已处理、事故隐患已消除	fg
叉车未在当地特种设备监督管理部门办理使用登记，未取得使用登记证书，存在违反法规风险	管理因素	其他事件	4	1	4	较小	使用单位按照《中华人民共和国特种设备安全法》规定，在叉车投入使用前或者投入使用后30日内，向负责特种设备安全监督管理部门办理使用登记，取得使用登记证书，登记标识应当置于叉车的显著位置	fg

风险识别			风险评价				控制措施	管控主体
危害描述	危害特征	事故类别	可能性	严重程度	矩阵评价	风险等级		
未制定叉车安全操作规程，未向操作人员书面交底，存在操作人员未遵守操作规程引发安全风险	管理因素	车辆伤害	3	3	9	较大	核查使用单位制定的叉车安全操作规程，以及向操作人员书面交底的记录，安全操作规程至少包括以下内容❶： （1）出车前进行试运行检查，并做好记录； （2）遵守作业场所限速规定，严禁超速行驶； （3）叉车不得载客运行（设有搭载随乘人员设施的车辆除外，此时搭载数量不得超过允许随乘人数）； （4）行驶和作业时佩戴安全带（如有）； （5）车辆转弯、进出库门等须减速行驶； （6）严禁在货叉上站人或者利用货叉起升载有人员的装置； （7）叉车司机视线不良或者受阻时，倒车低速行驶或者在专人指挥下低速行驶； （8）严禁超载；体过度疲劳、饮酒后或者患病有碍操作安全时，严禁操作车辆	defg
步骤2：检查车辆和行车路线								
出车前未进行试运行检查，或者检查项目不全，可能导致行驶过程中发生故障和异常，引发安全风险	管理因素	车辆伤害	2	3	6	一般	出车前进行试运行检查，做好检查记录，检查项目为：	efg

❶ 特种设备安全技术规范《场（厂）内专用机动车辆安全技术规程》TSG 81—2022 中 5.1.4 安全操作规程。

风险识别			风险评价				控制措施	管控主体
危害描述	危害特征	事故类别	可能性	严重程度	矩阵评价	风险等级		
出车前未进行试运行检查，或者检查项目不全，可能导致行驶过程中发生故障和异常，引发安全风险	管理因素	车辆伤害	2	3	6	一般	外观完好情况；燃料、润滑油和冷却水量并及时加注；启动、运转及制动装置安全性能；灯光、喇叭信号齐全有效；运转过程中压力、温度正常；燃料、液压油、冷却水等外泄情况，及时更换密封件；其他应检查项	efg
未对行车路线和路面情况进行检查确认，行驶过程中可能发生碰撞、翻车风险	环境因素	车辆伤害	4	2	8	一般	（1）作业前应对叉车行驶路线周边及路面状况进行调查，行车路面坚实平整、水平，不得有地坑、凸起、陡坡等。（2）作业过程中行车路线有变动，应停车重新调查	efg
步骤3：起步								
未观察叉车周围环境，启动后冲撞或碾压人、物料、设备或结构物	人的因素	车辆伤害	3	2	6	一般	起步前，观察四周，确认无妨碍行车安全的障碍后，先鸣笛、后起步	efg
叉车载物起步过快，可能引发货物倾倒、滑落，车辆倾翻风险	人的因素	车辆伤害	3	2	6	一般	（1）液压（气压）式制动的叉车，制动液压（气压）表必须达到安全压力范围方可起步。（2）叉车载物起步时，应先确认所载货物平稳可靠，起步必须缓慢	efg
步骤4：行驶								
叉车在行驶中存在下坡熄火滑行、在坡道上转弯、超速行驶、高速急转弯等情况，可能导致车辆倾翻风险	人的因素	车辆伤害	3	3	9	较大	（1）叉车在行驶中严禁下坡熄火滑行，非特殊情况禁止在行驶中急刹车。	defg

风险识别			风险评价				控制措施	管控主体
危害描述	危害特征	事故类别	可能性	严重程度	矩阵评价	风险等级		
叉车在行驶中存在下坡熄火滑行、在坡道上转弯、超速行驶、高速急转弯等情况，可能导致车辆倾翻风险	人的因素	车辆伤害	3	3	9	较大	（2）转弯时，如附近有人或车辆，应先发出信号，减速后再转向。（3）叉车运行中要遵守场（厂）内交通规则，必须与前面车辆保持一定安全距离	defg
叉车行驶时货叉升的过高，进出作业现场或行驶途中，可能存在与上空障碍物刮碰风险	物的因素	车辆伤害	3	2	6	一般	（1）行驶时货叉底端距离地面高度应保持300~400mm。门架须向后倾；在进出现场、库房或行驶途中要注意上空有无障碍物刮碰，注意及时避让。（2）卸货后应先降落货叉至正常位置后再行驶	efg
叉车起重升降或行驶时有人员站在货叉上，或者违规载人，可能引发人身伤害风险	人的因素	车辆伤害高处坠落	3	3	9	较大	叉车运行中，严禁人员站在货叉上或用叉车违规载人	defg
叉车行驶中货物升起过高，可能引发货物倾倒、滑落风险	人的因素	车辆伤害	3	2	6	一般	叉车运行中，载荷必须处于不妨碍行驶的最低位置，门架要适当后倾，除堆垛或装车时，不得升高	efg
步骤5：装卸车								
装载货物超重、装车货物与地面或其他货物有连接，货叉载物起升时发生故障，可能引发安全风险	物的因素	物体打击其他事件	2	2	4	较小	叉装前，应检查确认装载货物的重量应在叉车的额定起重量范围内、起重货物与其他货物或地面无连接	fg
装载货物重心不稳、超载、未可靠制动，存在货物、叉车倾翻风险	物的因素	车辆伤害	2	3	6	一般	（1）货物的重心应符合叉车货叉所允许的货物载荷中心距的范围。	efg

续表

风险识别			风险评价				控制措施	管控主体
危害描述	危害特征	事故类别	可能性	严重程度	矩阵评价	风险等级		
装载货物重心不稳、超载、未可靠制动，存在货物、叉车倾翻风险	物的因素	车辆伤害	2	3	6	一般	（2）叉载货物时，应按需调整两货叉间距，使两叉负荷均衡，不得偏斜，物品的一面应贴靠挡物架。 （3）在货物装卸过程中，必须用制动器制动叉车，不得用惯性溜、放圆形或易滚动物品制动	efg
装载货物高度遮挡叉车驾驶员视线，可能造成行驶过程中由于视线不清引发碰撞、倾翻风险	人的因素	车辆伤害	2	3	6	一般	装车（货）后，检查装载货物高度不得遮挡叉车驾驶员视线	efg
装卸过程中存在单叉作业，及用货叉举升人员、顶拉物、挑翻栈板、高速叉取货物等行为，可能引发人身伤害风险	人的因素	物体打击、车辆伤害、其他事件	3	3	9	较大	（1）装卸过程中不得单叉作业和使用货叉举升人员、顶拉货物、挑翻栈板；禁止高速叉取货物或用货叉碰撞货物。 （2）车速应缓慢平稳，注意车轮不要碾压垫木等，以免碾压物绷起伤人	defg
货叉叉货时，操作不当引发货物滑动、倾覆风险	人的因素	物体打击、车辆伤害	3	3	9	较大	用货叉叉货时，货叉尽可能深的叉入荷载下面，还要注意货叉尖不得触碰到其他货物；应采用最小的门架后倾角来稳定荷载，以免荷载向后滑移；放下载荷时应使门架少量前倾，以便于安放载荷和抽出货叉	defg
步骤6：停车								
叉车未卸货后离开或叉车未停靠在指定地点，可能导致叉车受到外物损害的风险	人的因素	其他事件	2	2	4	较小	离开叉车前确认已卸下货物、降下货架，并停靠在指定停车点	fg

风险识别			风险评价				控制措施	管控主体
危害描述	危害特征	事故类别	可能性	严重程度	矩阵评价	风险等级		
叉车未有效制动离开，叉车可能失去人员控制运行引发安全风险	人的因素	车辆伤害	2	2	4	较小	（1）停车后，确认叉车制动手柄至制动位，或压下手刹开关。 （2）确认发动机熄火、停电，拔下钥匙	fg

3.3 自然风险类

3.3.1 台风

3.3.1.1 适用范围

适用于海上风电建设项目海上施工部分。

3.3.1.2 安全风险识别与评价

台风天气作业安全风险识别与评价，见表3-19。

表3-19　　　　　　　　台风天气作业安全风险识别与评价

风险识别			风险评价				控制措施	管控主体
危害描述	危害特征	事故类别	可能性	严重程度	矩阵评价	风险等级		
人员、船舶撤离不及时，导致发生人员伤亡和海上交通安全事故	人的因素	海上交通安全	4	5	20	重大	（1）当施工船舶作业点或撤离路线可能在72小时内进入台风7级风圈，启动海上作业人员和船舶撤离工作。 （2）施工船舶作业点可能在48小时内可能进入台风7级风圈，所有船舶和作业人员开始撤离。 （3）施工船舶作业点可能在36小时内进入台风7级风圈，完成100%人员上岸、100%船舶靠港避风。	bcdefg

风险识别			风险评价				控制措施	管控主体
危害描述	危害特征	事故类别	可能性	严重程度	矩阵评价	风险等级		
人员、船舶撤离不及时，导致发生人员伤亡和海上交通安全事故	人的因素	海上交通安全	4	5	20	重大	（4）如因政府部门监管要求无法执行 100% 人员上岸，船舶应于作业点可能在 36 小时内进入台风 7 级风圈前驶离台风 7 级风圈可能经过区域避台。 （5）如项目所在地遭受台风正面袭击、锚地无遮蔽，船舶应于作业点可能在 36 小时内进入台风 7 级风圈前驶离台风 7 级风圈可能经过区域避台	bcdefg
走锚、断链、锚机损坏导致船舶搁浅、触礁、碰撞等	环境因素	海上交通安全	3	5	15	重大	（1）船舶有关防台的设备和属具应于台风季节来临前一个月做一次系统的检查。包含：系泊设备、操舵设备、通行设备、水密设备、货仓用具、排水设备、撇油装置、海损急救设备、其他甲板设备。 （2）应急守护拖轮在防台锚地值守	bcdefg
（1）船舶横摇、纵摇、垂荡和偏荡难以控制，导致货物移位或船体设备受损。 （2）抛双锚的船易出现锚链绞缠	人的因素	溺淹海上交通	3	5	15	较大	在台风严重威胁中，应做好抛双锚的措施：两锚距离不宜太远，以免两链夹角过大；两链长度相差勿超过 2 节，如船舶在台风右半圆锚链应该左长右短；必要时在较长的锚链上，如抛串连锚；抛锚，应置浮标；保持两链能够收放状态，如有纠缠，立即在风力未加剧前解清	bcdefg
支腿船防台人员撤离和返船时，船员需要从爬梯上下船，存在坠落、淹溺风险	人的因素	淹溺	2	5	10	较大	（1）综合评估现场海况、窗口，按照保守决策原则，选择合适时机上下船，不冒险作业。	defg

风险识别			风险评价				控制措施	管控主体
危害描述	危害特征	事故类别	可能性	严重程度	矩阵评价	风险等级		
支腿船防台人员撤离和返船时，船员需要从爬梯上下船，存在坠落、淹溺风险	人的因素	淹溺	2	5	10	较大	（2）按最小人数及专业控制爬梯上下船人员，原则上不超过3人，一般为船长、大电、吊机手。 （3）采取必要的技术措施，确保人员安全上下，如防坠器、抓绳器、气垫等。 （4）支腿船人员攀爬撤离时，在安全带后部D环系挂安全绳，由交通船上人员协助撤离人员平稳下降到交通船上	defg
（1）船舶起重机吊臂、甲板上风机构件、重要设备未固定，台风期间，存在物体移动导致船体受损，船舶倾覆风险。 （2）台风撤离前支腿船平台水平状态及调载未在规定范围内。 （3）台风撤离前未关闭门、窗、舱口盖、人孔盖，暴雨期间舱室进水，导致船舶载荷过高，导致船舶倾覆	人的因素、物的因素、管理因素	船只倾覆	2	5	10	较大	（1）防台撤离前，起重机吊臂应放置在搁架上并可靠固定，平台上风机构件、重要设备等应加以牢固固定。 （2）检查平台的水平状态及调载情况，尽可能移去平台上的可变载荷，将可变载荷控制在规定的范围内。 （3）根据实际可变载荷情况，重新计算此时平台的重量及重心位置，并计算各桩腿负荷，若各桩腿负荷超过极限负荷，应减少可变载荷或通过调载使桩腿负荷满足要求值。 （4）防台撤离前，所有的门、窗、舱口盖、人孔盖均应关闭，与舷外及船底相通的所有不工作的阀也应关闭	defg
防台撤离前船舶设备未断电，发生电气火灾	管理因素	火灾	2	5	10	较大	仅保留保障防台撤离期间应急设备（例AIS等)所需的电源，关闭其余所有电源	defg

3.3.1.3 经验反馈

起重船风灾事件：

2022年7月，某起重船在大型船舶候潮防台锚地锚泊防台期间，受台风"暹芭"影响，船舶走锚，船体触碰海上风电场风机桩后断裂沉没，船上4人获救，25人死亡，1人失踪，某风电场3台风机和海底电缆不同程度受损（见图3-17）。

1）船舶断裂沉没的原因：

台风"暹芭"强度强，沿海水域实测风力最大达14级。港外防台的21艘船舶中，除2艘插桩状态的平台和3艘在遮蔽水域、1艘离台风路径较远的船舶外，其余15艘船舶全部走锚。某起重船走锚过程中，船体先后触碰风电场8号、20号和96号风机，大风浪中船体右舷与96号风机基础桩连续撞击挤压，船体破损并逐渐加剧，风机基础桩卡进船体裂口，船体破口逐渐扩大，最终导致船舶断裂、沉没。

2）经验教训：

严禁改变原有设计功能的船舶入场。

在《船舶隐患排查指引》中明确核验救生筏等救生设施与船舶证书的一致性，定期检查并记录。

必须严格按照通航安全保障方案和已报备的应急预案要求选择合适的锚地避台，应当选择有岸堤/岛屿遮蔽条件的防台锚地。

就高执行"地方政府""集团公司"防台撤离指令，严格落实"船回港、人上岸"的指令，如实上报在船人员信息，到码头、撤离宾馆核实人员、船舶撤离情况。

配置应急守护拖轮，落实24小时值守制度。

图3-17 起重船风灾沉没

3.3.2 大雾

3.3.2.1 适用范围

适用于海上风电建设项目海上施工部分。

3.3.2.2 安全风险识别与评价

大雾天气作业安全风险识别与评价，见表3-20。

表 3-20　　　　　　　　　大雾天气作业安全风险识别与评价

风险识别			风险评价				控制措施	管控主体
危害描述	危害特征	事故类别	可能性	严重程度	矩阵评价	风险等级		
大雾天气下，船舶出航、人员作业，存在发生海上交通事故风险	环境因素	海上交通事故	2	3	6	一般	（1）采购专业气象预报，及时发布预报，传递到相关人员。 （2）综合评估天气概况，现场管理人员保守决策。 （3）严格执行《人员、船舶清退标准》，作业人员严禁冒险出航、严禁冒险作业	fg

3.3.2.3　经验反馈

大雾天气船舶冒险开航碰撞事件：

2020 年 6 月 17 日 01：28 左右，台州籍干货船"富日运 56"轮载运 2300t 石子从舟山大鱼山开航驶往舟山六横，在航经宁波舟山港洋小猫西北水域时，与从台州空载驶往南通的台州籍干货船"远大 888"轮在雾航中发生碰撞。事故导致"富日运 56"轮船首跳板右侧滑轮脱落，"远大 888"轮船首右舷水线以上外板局部破损（见图 3-18）。

经验教训：

雾中航行应正确显示号灯号型、及时接收安全信息、全面掌握周围船舶动态，运用一切有效手段保持正规瞭望，对航行安全无把握时，船长应选择安全水域锚泊，切忌冒险开航。本起事故事发时，能见距离不足 0.5n mile，宁波 VTS 中心已发布雾航交通管制，当事两船未能按照要求择地锚泊，选择冒雾航行，也未按规定使用能见度不良时的声号，安排人员在船头瞭望等雾航安全措施，是造成本起事故的主要原因之一。

如当时环境许可，避碰行动应是积极的、及早的、大的足以使他船察觉、并核查避让行动的有效性。本起事故中，两船负有同等避让责任和义务。两船在相距约 0.8n mile 时才达成"红灯会"协定，之后"富日运 56"轮错误地采取了向左转向的避让措施，在持续接近的过程中，航向航速基本保持不变，"远大 888"轮直至两船在相距 0.2n mile，发现对方船舶持续显示绿灯时，才采取打右舵的避让行动，最终两船发生碰撞。双方均未能及早采取有效的避碰行动。

船舶、船员应保持适航适任。"富日运 56"轮最低安全配员证书无效、聘用无证人员上船任职担任管理职务、超载航行等违章行为，给船舶航行埋下严重安全隐患。实际船长无证驾驶船舶，不具备有效履行值班的专业知识和技能，本起事故中最直接表现是在与"远大 888"轮协调避让行动中，以及在达成"红灯会"时将本船左右舷搞反，误认为本船右舷侧显示红灯，致使在与对方会遇过程中持续采取与对方"绿灯会"的避让行动，致两船构成紧迫局面。

图 3-18 船舶受损

3.3.3 暴雨

3.3.3.1 适用范围

适用于海上风电建设项目海上施工部分。

3.3.3.2 安全风险识别与评价

暴雨天气作业安全风险识别与评价，见表 3-21。

表 3-21　　　　　　　　　　　暴雨天气作业安全风险识别与评价

风险识别			风险评价				控制措施	管控主体
危害描述	危害特征	事故类别	可能性	严重程度	矩阵评价	风险等级		
暴雨天气下，船舶出航、人员作业，存在发生海上交通事故风险	环境因素	海上交通事故	3	3	9	较大	（1）采购专业气象预报，及时发布预报，传递到相关人员。（2）综合评估天气概况，现场管理人员保守决策。（3）严格执行《人员、船舶清退标准》，作业人员严禁冒险出航、严禁冒险作业。（4）制定《三防应急预案》并及时更新，将风险后果降到最低	defg
暴雨天气下，材料、设备、设施可能受损，存在造成人身伤亡或财产损失风险	环境因素	自然灾害	3	3	9	较大	（1）采购专业气象预报，及时发布预报，传递到相关人员。（2）综合评估天气概况，现场管理人员保守决策。（3）制定《三防应急预案》并及时更新，将风险后果降到最低。	defg

风险识别			风险评价				控制措施	管控主体
危害描述	危害特征	事故类别	可能性	严重程度	矩阵评价	风险等级		
暴雨天气下，材料、设备、设施可能受损，存在造成人身伤亡或财产损失风险	环境因素	自然灾害	3	3	9	较大	（4）提前对材料、设备落实清理、覆盖、绑扎加固等措施。 （5）清理甲板障碍物、保证排水孔畅通，检查船舶的水密门窗、人孔的水密情况，检查船舶的疏排水情况。 （6）检查配电设施（变压器、配电箱）防雨措施完备，必要时及时切断电源。 （7）检查、保证所有应急设备，如泵、水带、临时电源、抢险工具等状态良好，随时可用。 （8）及时中止作业，必要时撤离、转移相关人员	defg

3.3.4　雷电

3.3.4.1　适用范围

适用于海上风电建设项目海上施工部分。

3.3.4.2　安全风险识别与评价

雷电天气作业安全风险识别与评价，见表3-22。

表3-22　　　　　　　　雷电天气作业安全风险识别与评价

风险识别			风险评价				控制措施	管控主体
危害描述	危害特征	事故类别	可能性	严重程度	矩阵评价	风险等级		
雷雨天，人员在户外活动时遭受雷击	环境因素	触电	2	4	8	一般	（1）雷暴期间停止起重作业，起重机吊臂应放置在搁架上。 （2）人员留在室内不要外出，关闭好门窗，户外人员转移至室内。	efg

风险识别			风险评价				控制措施	管控主体
危害描述	危害特征	事故类别	可能性	严重程度	矩阵评价	风险等级		
雷雨天，人员在户外活动时遭受雷击	环境因素	触电	2	4	8	一般	（3）不要靠近电源、金属构件，切勿触摸天线、水工、铁丝网等金属装置，雷雨天严禁靠近避雷器、避雷针	efg

3.3.5 高温

3.3.5.1 适用范围

适用于海上风电建设项目海上施工部分。

3.3.5.2 安全风险识别与评价

高温天气作业安全风险识别与评价，见表 3-23。

表 3-23　　　　　　　　　高温天气作业安全风险识别与评价

风险识别			风险评价				控制措施	管控主体
危害描述	危害特征	事故类别	可能性	严重程度	矩阵评价	风险等级		
（1）人员在甲板作业长时间在阳光下暴晒导致人员中暑。（2）人员在塔筒、机舱等温度过高、不透风的环境作业导致人员中暑	环境因素	职业病	3	4	12	较大	（1）塔筒内作业时要设置通风设施（冷风机、落地扇等），进入作业前需检测内部空气成分占比，两人一组，不得单独进入作业。（2）提供盐汽水、绿豆汤、凉茶等防暑降温饮料及藿香正气水、人丹等防暑降温药品。（3）根据现场温度情况，适当调整作息实际，利用早晨、傍晚气温较低时工作，避开中午高温时间段，降低暴晒导致的中暑风险。（4）加强个人防护，选用热阻率大的工作服，作业时佩戴好安全帽，安全帽可以起到有效的遮阳作用	defg

附录 A 海上风电工程风险危害特征

危害特征	说明
1. 人的因素	
1.1 心理、生理性危险和有害因素	负荷超限、健康状况异常、从事禁忌作业、心理异常、辨识功能缺陷、其他心理、生理性危险和有害因素
1.2 行为性危险和有害因素	指挥错误、操作错误、监护失误、其他行为性危险和有害因素
2. 物的因素	
2.1 物理性危险和有害因素	设备/设施/工具/附件缺陷、防护缺陷、电伤害、噪声、振动危害、电离敷设、非电离敷设、运动物伤害、明火、高温物质、低温物质、信号缺陷、标志缺陷、有害光照、其他物理性危险和有害因素
2.2 化学性危险和有害因素	爆炸品、压缩性气体和液压气体、易燃液体、易燃固体、自燃物品和遇湿易燃物品、氧化剂和有机过氧化物、有毒品、腐蚀品、粉尘与气溶胶、其他化学性危险和有害因素
2.3 生物性危险和有害因素	致病微生物、传染病媒介物、致害动物、致害植物、其他生物性危险和有害因素
3. 环境因素	
3.1 室内作业场所环境不良	室内地面滑、室内作业场所狭窄、室内作业场所杂乱、室内地面不平、室内梯架缺陷、地面、墙和天花板上的开口缺陷、房屋基础下沉、室内安全通道缺陷、房屋安全出口缺陷、采光照明不良、作业场所空气不良、室内温度、湿度、气压不适、室内给/排水不良、室内涌水、其他室内作业场所环境不良
3.2 室外作业场地环境不良	恶劣气候与环境、作业场地和交通设施湿滑、作业场地狭窄、作业场地杂乱、作业场地不平、脚手架/阶梯和活动梯架缺陷、地面开口缺陷、建筑物和其他结构缺陷、门和围栏缺陷、作业场地基础下沉、作业场地安全通道缺陷、作业场地安全出口缺陷、作业场地光照不良、作业场地空气不良、作业场地温度、湿度、气压不适、作业场地用水、其他室外作业场地环境不良
3.3 海上作业环境不良	不适于作业的风、浪、涌；船舶甲板和船舷湿滑、作业船舶甲板布置杂乱、作业场地缺少护栏、水下作业供氧不当、其他海上作业环境不良
3.4 其他作业环境不良	强迫体位、综合性作业环境不良、以上未包括的其他作业环境不良
4. 管理因素	
4.1 安全组织机构不健全	

危害特征	说明
4.2 安全管理责任制不落实	
4.3 安全管理制度、程序不完善	建设项目"三同时"制度未落实、操作规程不规范、事故应急预案及响应缺陷、培训制度不完善、其他职业安全卫生管理规章制度不健全
4.4 安全投入不足	
4.5 安全培训不足	
4.6 其他管理缺陷	包括体检及档案管理等不完善

附录 B 海上风电工程事故类型

编号	事故类型	特点
1	高处坠落	在高处作业中发生坠落伤亡，不包括触电坠落事故
2	物体打击	物体在重力作用或其他外力作用下打击人体，造成人身伤亡事故，不包括机械设备、车辆、起重机械、坍塌等引发的物体打击
3	机械伤害	机械设备部件、工具、加工件直接与人体接触引起的夹击、碰撞、剪切、卷入、绞、碾、割、刺等伤害，不包括车辆、起重机械引起的机械伤害
4	起重伤害	各种起重作业（包括起重机安装、试验、维修）中发生的挤压、坠落、（吊物、吊具）物体打击和触电
5	车辆伤害	机动车行驶过程中引起的人体坠落和物体倒塌、飞落、挤压伤亡事故，不包括起重设备提升、牵引车辆和车辆行驶时发生的事故
6	触电	包括雷击伤亡事故
7	淹溺	包括高处坠落导致的淹溺
8	坍塌	物体在外力或重力作用下，超过自身的强度极限或因结构稳定性破坏而造成的事故，如挖沟时的土石方塌方、脚手架坍塌、堆置物倒塌。不适用起重机械和爆破引起的坍塌
9	灼烫	火焰烧伤、高温物体烫伤、化学灼伤（酸、碱、盐、有机物引起的内、外部灼伤）、物理灼伤（光、放射性物质引起的体内外灼伤），不包括电灼伤和火灾引起的灼伤
10	火灾	
11	辐射防护	主要指在辐射相关工作中，因人为过错或者设备缺陷造成或可能造成人员误照射的事件，包括超剂量照射，内照射，无资格人员从事放射性工作以及放射性装置有安全缺陷或使用中出现故障的事件
12	爆破	爆破作业中发生的伤亡事故
13	爆炸	包括化学性爆炸及物理性爆炸
14	中毒窒息	包括中毒、缺氧窒息、中毒性窒息
15	反恐安保	扰乱公共秩序，妨害公共安全，干预或影响工程项目正常施工秩序，侵犯人身权利、财产权利，具有社会危害性的突发性事件，包括盗窃/抢夺，打架斗殴、阻工、恐吓、可疑物以及安保设施破坏等影响施工秩序的突发事件
16	职业病	包括尘肺病、职业中毒、职业性皮肤病、职业性眼病、中暑等
17	食物中毒	指员工所进食物被细菌或细菌毒素污染或食物含有毒素而引起的急性中毒性疾病，医院诊断为食物引发病症

编号	事故类型	特点
18	公共卫生	主要指已造成或可能造成群体健康损害的传染病疫情（结核、霍乱、SARS 等）、群体性不明原因疾病等（三人及以上同时发病）
19	环境污染	由于违反环境保护法规的经济、社会活动与行为，以及意外因素的影响或不可抗拒的自然灾害等原因使环境受到污染，包括：水污染、大气污染、噪声与振动危害、固体废物污染、放射性污染（放射源丢失、放射源失控等）及国家重点保护野生动植物与自然保护区破坏等
20	自然灾害	由自然事件或力量为主因造成的人身伤亡或财产损失的事件，包括地震、雷电、暴雨/雪/冰雹、大风/龙卷风、热带风暴/台风、洪水/海啸、泥石流/滑坡、沙尘暴等自然现象造成的人身伤亡或财产损失事件
21	其他事件	包括工余事件、场外事件和其他不属于以上范畴的（如蛇咬伤、蜂蜇伤等）任何被认为影响安全的行为或状态
22	海上交通事故	
22.1	碰撞事故	两艘以上船舶之间发生碰撞造成损害的
22.2	搁浅事故	船舶搁置在浅滩上，造成停航或者损害
22.3	触礁事故	船舶触碰礁石，或者搁置在礁石上，造成损害
22.4	触碰事故	船舶触碰岸壁、码头、航标、桥墩、浮动设施、钻井平台等水上水下建筑物或者沉船、沉物、木桩、鱼栅等碍航物并造成损害
22.5	浪损事故	船舶因其他船舶兴波冲击造成损害
22.6	火灾/爆炸事故	船舶因自然或者人为因素致使船舶失火或者爆炸造成损害，按火灾、爆炸事故统计
22.7	风灾事故	船舶遭受较强风暴袭击造成损失
22.8	自沉事故	船舶因超载、积载或者装载不当、操作不当、船体进水等原因或者不明原因造成船舶沉没、倾覆、全损
22.9	操作性污染事故	船舶因发生碰撞、搁浅、触礁、触碰、浪损、火灾、爆炸、风灾及自沉事故造成水域环境污染